职业教育机电类专业课程改革创新规划教材

机械基础与金属材料

丛书主编　李乃夫

主　　编　曾小梅

副 主 编　陈一照　金黎明

参　　编　陈贵荣　宋伟玲　肖　正

电子工业出版社

Publishing House of Electronics Industry

北京·BEIJING

内 容 简 介

本书包含两部分内容：第一部分是金属材料，第二部分是机械基础。其中金属材料部分包括：金属材料力学性能的分析，钢的热处理及金相图，常用金属材料的选用。机械基础部分包括：机构装置的受力分析、机械结构分析、常用机构分析、常用机械连接件分析、常用机械支撑件分析、齿轮传动机构及其他传动机构分析。

本书可作为各类职业（技工）院校机电及相关专业的专业基础教材，还可供有关工程技术人员参考。

未经许可，不得以任何方式复制或抄袭本书之部分或全部内容。
版权所有，侵权必究。

图书在版编目（CIP）数据

机械基础与金属材料 / 曾小梅主编. —北京：电子工业出版社，2016.7
职业教育机电类专业课程改革创新规划教材

ISBN 978-7-121-29159-3

Ⅰ. ①机… Ⅱ. ①曾… Ⅲ. ①金属材料—机械制造材料—职业教育—教材 Ⅳ. ①TG14

中国版本图书馆 CIP 数据核字（2016）第 141818 号

策划编辑：张 凌
责任编辑：张 凌 特约编辑：王 纲
印　　刷：北京盛通商印快线网络科技有限公司
装　　订：北京盛通商印快线网络科技有限公司
出版发行：电子工业出版社
　　　　　北京市海淀区万寿路 173 信箱　邮编　100036
开　　本：787×1 092　1/16　印张：13　字数：332.8 千字
版　　次：2016 年 7 月第 1 版
印　　次：2022 年 7 月第 2 次印刷
定　　价：29.60 元

前　　言

为了适应当前职业教育教学改革的方向与要求，努力体现当前职业教育教学改革的最新理念，电子工业出版社组织有关学校的一线教师和行业、企业专家编写了机电专业系列教材。该系列教材改变了原有教材的传统模式，在编写中力求有新思路；在保证符合新大纲基本要求的前提下，教材的内容体系和体例力求有新变化、新风格，争取能够较好地体现"职教特点、时代特征和专业特色"。

本书采用任务驱动、项目式教学的方式，将主要教学内容分解为与典型工作任务相对应的学习任务，并采用工作页的形式将若干个学习任务呈现给学习者。按照这种形式来组合教学内容的教材，有利于实施任务驱动、项目教学和行动导向等具有职业教育特点的教学方法，有利于组织本课程的一体化教学，真正实现"做中学、做中教"，能够更好地培养学生的综合职业能力，即专业能力、方法能力和社会能力（关键能力），并有利于实现教学相长，促进教师专业知识与应用能力、操作技能的提高。

本书分为 8 个项目，项目 1 介绍了金属材料的基本知识，包括金属材料力学性能的分析、钢的热处理及金相图、常用金属材料的选用等。项目 2 介绍了机械装置的受力分析，包括静力学基础、平面汇交力系的计算、力矩与力偶的计算、平面任意力系的计算。项目 3 介绍了机械结构分析，包括机构的组成、绘制平面机构的运动简图、平面机构自由度的计算。项目 4 介绍了常用机构，包括平面连杆机构、凸轮机构、螺旋机构、间歇机构的分析。项目 5 介绍了常用机械连接件，包括键、销连接的选用和联轴器、离合器的选用。项目 6 介绍了常用机械支撑件，包括轴的结构设计及应用、轴承的选用。项目 7 介绍了齿轮传动机构，包括齿轮传动、蜗杆传动的设计及应用。项目 8 介绍了其他常用机械传动机构，包括带传动、链传动和轮系传动的应用。

本书由曾小梅担任主编，陈一照、金黎明担任副主编，陈贵荣、宋伟玲、肖正参编，其中绪论由宋伟玲编写、项目 1、项目 2、项目 5 由曾小梅编写，项目 3 由肖正编写，项目 4、项目 6 由陈一照编写，项目 7、项目 8 由金黎明编写，陈贵荣参与了全书的统稿工作。

由于水平有限，书中误漏和欠妥之处在所难免，恳望广大读者批评指正。

编　者

目　　录

绪论　认识机械

在人们的生产和生活中广泛地使用着各种类型的机器，以减轻或代替人们的劳动，提高生产效率、产品质量和生产水平。机器的种类繁多。在生活中，常见的机器有汽车、火车、拖拉机、摩托车、缝纫机、电风扇、洗衣机、机床、电脑等，如图 0-1 所示。

图 0-1　生活中常见的各种机器

不同机器的构造、性能和用途等各不相同，但从机器的组成分析，它们又有共同点。什么是机器？如何定义？机器有哪些基本组成部分？每部分的作用是什么？

任务目标

1．能分析机器的组成。
2．了解机械、机器、机构的区别和联系。
3．能识别零件和构件。
4．多对生活实际中的机器及机械装置进行分析，增加对机械的了解和整体认识。

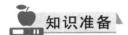 知识准备

一、机器和机构

1．机器的定义

机器的种类虽然繁多，结构形式和用途也各不相同，但总的来说，机器有三个共同的特征：

（1）都是人为的各种实物体的组合；

（2）组成机器的各种实物体间具有确定的相对运动；

（3）可代替或减轻人的劳动，变换或传递能量、物料和信息。

凡具备上述三个特征的实物组合就称为机器。

机器是具有确定的相对运动，可实现能量、信息转化和传递，又能做有用的机械功的实物组合体。

2．机器的组成

一台完整的机器一般由动力部分、传动部分、执行部分、控制部分和支撑及辅助部分组成，如图 0-2 所示。

动力部分：
发动机

执行部分：
车轮

传动部分：
离合器、变速箱、
传动轴、差速器等

支撑及辅助部分：
各类仪表、车灯、
雨刮器等

控制部分：
转向盘、排挡杆、
刹车、油门等

图 0-2　汽车的组成

（1）动力部分是机器工作动力源。最常见的是电动机和内燃机。

（2）执行部分用于执行机器的特定功能。比如：汽车的车轮、起重机的吊钩、机床的刀架、飞机的尾舵和机翼，以及轮船的螺旋桨等。

（3）传动部分是连接原动机和执行部分的中间部分。比如：汽车的变速箱、机床的主轴箱、起重机的减速器等。

（4）控制部分用于控制机器的启动、停止和正常协调动作。比如：汽车的方向盘和转向系统、排挡杆、刹车及其踏板、离合器踏板及油门等就组成了汽车的控制部分。

（5）支撑及辅助部分，如轿车中的仪表、车灯、雨刮器等。

做一做

洗衣机的五大组成部分分别是什么？

_____

_____

_____

3．机器的类型

动力机器——实现能量转换，如内燃机、电动机、蒸汽机、发电机、压气机等。

工作机器——完成有用的机械功或搬运物品，如机床、织布机、汽车、飞机、起重机、输送机等。

信息机器——完成信息的传递和变换，如复印机、打印机、绘图机、传真机、照相机等。

不同类型的机器如图 0-3 所示。

图 0-3　不同类型的机器

4．机构

机构也是人为实体的组合，各实体间具有确定的相对运动。但机构只具备机器的前两个特征，而不具备第三个特征，机构主要用来传递运动或变换运动形式。最常用的机构有连杆机构、凸轮机构、齿轮传动机构和间歇运动机构，如图 0-4 所示。

（a）连杆机构　　　　　　（b）凸轮机构

图 0-4　常见的各种机构

5．机器与机构的区别

（1）机构只是一个构件系统，而机器除构件系统外，还包含电气、液压等其他系统。

（2）机构只用来传递运动和力，而机器除传递运动和力外，还具有变换或传递能量、物料和信息的功能。

仅从结构和运动的观点看，机器与机构并无区别，它们都是构件的组合，各构件之间具有确定的相对运动。因此，通常把机器与机构统称为机械。

二、零件和构件

1．零件

零件是机器中不可拆的制造单元，分为通用零件和专用零件。

（1）通用零件——机器中普遍使用的零件，如齿轮、螺钉、轴等。

（2）专用零件——只在某些机器中使用的零件，如内燃机中的活塞、起重机中的吊钩等。

2．构件

构件是机构中的运动单元体。构件可能由一个零件组成，也可能是几个零件的刚性组合。活塞连杆组就是一种构件，如图0-5所示。

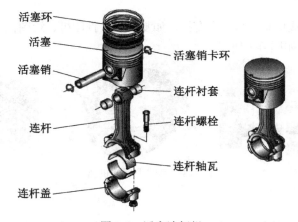

图 0-5　活塞连杆组

任务实施

做一做

1．现代机械的五个组成部分及作用是什么？

_____

2．用生活中的例子说明机构和机器的特征。

_____

3．什么是构件？什么是零件？它们有什么区别和联系？试举实例加以说明。

_____

内容小结

1．机器是具有确定的相对运动，可实现能量、信息转化和传递，又能做有用的机械功的实物组合体。

2．机构也是人为实体的组合，各实体间具有确定的相对运动。但机构只具备机器的前两个特征，而不具备第三个特征，机构主要用来传递运动或变换运动形式。

3．零件是机器中不可拆的制造单元，分为通用零件和专用零件。

4．构件是机构中的运动单元体。

项目 **1** 金属材料

项目目标

1. 掌握金属材料力学性能中各指标的定义及意义。
2. 能说出合金的基本概念，理解铁碳合金的相结构。
3. 能简述常见热处理工艺的目的、分类和应用。
4. 能说出常用金属材料的分类及机械零件选材的一般原则。

项目描述

材料是人类用来制造各种产品的物质，是人类生活和生产的物质基础。金属材料的产生使人类文明进入新的时代。继石器时代之后出现的青铜器时代、铁器时代，均以金属材料的应用为其显著标志。

金属材料是目前使用最广的材料。以机械制造行业为例，在生产制造业中（如农业机械、电工设备、化工和纺织机械等），钢铁材料约占 90%；在汽车制造业中，钢铁材料占 60%~75%，铝合金占 5%~10%。可见，金属材料特别是钢铁材料是机械制造业中使用最为广泛的材料。

材料发展的动力源于人们对它所制造产品的优良使用性能和低廉制造成本的追求。金属材料的性能取决于材料的内部结构和组织，而内部结构和组织又取决于材料的成分和加工工艺。正确选择材料，确定合理的热处理工艺，得到理想的组织，获得优良的使用性能，是决定机械制造中产品性能的重要环节。

在我国经济飞速发展的同时，我们也要认识到我国和发达国家之间制造业水平的差距。我们应努力学习和掌握先进的材料加工制造技术，掌握金属材料性能和热处理的基本知识和原理，了解金属材料的应用，以及如何在生产实际中运用热处理工艺合理安排零件加工工艺路线，为我国材料工业的腾飞作出贡献。

任务 1　分析金属材料的力学性能

任务目标

1. 能说出齿轮传动失效的原因。

2．能够正确地使用强度指标判定材料的质量。

3．通过硬度试验，初步掌握布氏、洛氏及维氏硬度的测量方法。

4．初步认识机件失效的基本形式，了解失效的主要原因。

5．培养独立思考和自主学习的习惯。

任务分析

当今世界汽车的使用和保有量越来越大，汽车的使用安全性能也逐渐得到更多人的重视。汽车厂家每推出一款新车，都会进行汽车碰撞实验（图 1-1-1）。不同车型在碰撞实验中的得分也会有所差别。影响汽车碰撞实验得分的主要因素有哪些？其中汽车的选材对汽车整体安全性能有影响吗？材料的力学性能有哪些？

图 1-1-1　汽车碰撞实验

思 考

1．材料的力学性能指标包括哪些？

2．材料的强度、硬度、塑性等指标如何测定？

知识准备

金属材料的性能包括使用性能和工艺性能。

使用性能是指金属材料为保证机械零件或工具正常工作应具备的性能，即在使用过程中所表现出的特性。使用性能包括力学性能（或机械性能）、物理性能和化学性能等。

工艺性能是指金属材料在制造机械零件或工具的过程中，适应各种冷、热加工的性能，也就是金属材料采用某种成型加工方法制成成品的难易程度。工艺性能包括铸造性能、锻压性能、焊接性能、热处理性能及切削加工性能等。

一、力学性能的概念

金属材料的力学性能是指金属材料在力作用下所显示的与弹性和非弹性反应相关

或涉及应力—应变关系的性能,又称机械性能,主要包括强度、硬度、塑性、韧性、疲劳强度等。

二、拉伸试验过程分析

拉伸试验是指用静(缓慢)拉伸力对试样进行轴向拉伸,通过测量拉伸力和伸长量,测定试样强度、塑性等力学性能的试验。

圆柱形拉伸试样分为短圆柱形试样和长圆柱形试样两种(图 1-1-2)。

长圆柱形拉伸试样 $L_0=10d_0$,短圆柱形拉伸试样 $L_0=5d_0$。

在进行拉伸试验时,拉伸力 F 和试样伸长量 ΔL 之间的关系曲线,称为力—伸长曲线(图 1-1-3)。

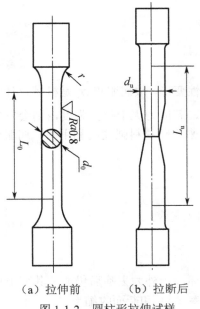

(a)拉伸前　　(b)拉断后
图 1-1-2　圆柱形拉伸试样

图 1-1-3　退火低碳钢的力—伸长曲线

完整的拉伸试验和力—伸长曲线包括 4 个阶段:弹性变形阶段、屈服阶段、变形强化阶段、颈缩与断裂阶段。

三、强度

强度表示金属材料抵抗永久变形和断裂的能力。

材料抵抗能力越强,表示材料越能承受较大的外力而不变形和不被破坏。衡量强度高低的指标有弹性极限(σ_e)、抗拉强度(σ_b)和屈服点(σ_s)。

(1)弹性极限(σ_e)

弹性极限是指试样产生完全弹性变形时所能承受的最大拉应力,用符号 σ_e 表示,单位为 MPa。

$$\sigma_e = \frac{F_e}{A_0}$$

式中，F_e——试样产生完全弹性变形时所能承受的最大拉伸力，单位为 N；

A_o——试样原始横截面面积，单位为 mm^2。

（2）屈服点（σ_s）

屈服点是指试样在试验过程中力不增加（保持恒定）仍能继续伸长（变形）时的应力，用符号 σ_s 表示，单位为 MPa。

$$\sigma_s = \frac{F_s}{A_o}$$

式中，F_s——产生屈服现象时的拉伸力，单位为 N。

（3）抗拉强度（σ_b）

抗拉强度是指试样拉断前所能承受的最大拉应力，用符号 σ_b 表示，单位为 MPa。

$$\sigma_b = \frac{F_b}{A_o}$$

式中，F_b——试样拉断前的最大拉伸力，单位为 N。

（4）强度的意义

一般机械零件或工具在使用时不允许发生塑性变形，故屈服点 σ_s 是机械设计强度计算的主要依据；抗拉强度代表材料抵抗拉断的能力，若应力大于抗拉强度，则会发生断裂而造成事故。工程上还通过计算屈服比（σ_s / σ_b）来判断材料强度的利用率，屈服比高，则材料性能使用效率高。

想一想

为什么汽车的车架用钢材而挡泥板等用塑料？

四、塑性的测定

金属材料在静载荷作用下产生变形而不被破坏，当外力去除后仍能使其变形保留下来的性能，称为塑性。衡量塑性的指标有断后伸长率（δ）和断面收缩率。

1. 断后伸长率

断后伸长率指试样拉断后标距的伸长量占原始标距的百分比，用符号 δ 表示。

$$\delta = \frac{l_k - l_o}{l_o} \times 100\%$$

式中，l_o——试样原始标距长度，单位为 mm；

l_k——试样拉断后标距长度，单位为 mm。

断后伸长率的大小与试样尺寸有关。长试样的断后伸长率用 δ_{10} 或 δ 表示，短试样的断后伸长率用 δ_5 表示。对于同一材料，$\delta_5 > \delta_{10}$。

2. 断面收缩率（ψ）

断面收缩率是指试样拉断后，缩颈处横截面面积的最大缩减值占原始横截面面积的百分比，用符号 ψ 表示。

$$\psi = \frac{A_o - A_k}{A_o} \times 100\%$$

式中，A_0——试样原始横截面面积，单位为 mm^2；

A_k——试样拉断后缩颈处最小横截面面积，单位为 mm^2。

金属材料的 δ 与 ψ 的数值越大，表示材料的塑性越好，可用锻压等压力加工方法成型；零件使用中稍有超载，也不会因其产生塑性变形而突然断裂，增加了材料使用的安全可靠性。

五、硬度的测定

硬度表示金属材料抵抗局部变形，特别是塑性变形、压痕或划痕的能力。

硬度是一项综合力学性能指标，金属表面的局部压痕可以反映出金属材料的强度和塑性。在零件图上经常标注出各种硬度指标作为技术要求。

金属材料的硬度越高，其耐磨性越好。

硬度测定方法有压入法、划痕法、回弹高度法等，其中压入法应用最为普遍。

在压入法中，常用的硬度测试工具有布氏硬度（HBW）计、洛氏硬度（HRA、HRB、HRC 等）计、维氏硬度（HV）计三种，如图 1-1-4～图 1-1-6 所示。

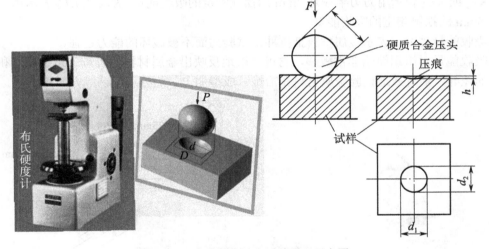

图 1-1-4　布氏硬度计和试验原理示意图

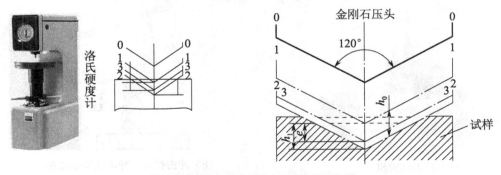

图 1-1-5　洛氏硬度计和试验原理示意图

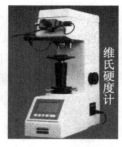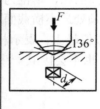

图 1-1-6　维氏硬度计和试验原理示意图

六、韧性的测定

韧性表示金属材料在断裂前吸收变形能量的能力。

金属材料的韧性通常采用吸收能量 K（单位是 J）来衡量，而金属材料的吸收能量通常采用夏比摆锤冲击试验方法来测定。

夏比摆锤冲击试验是在摆锤式冲击试验机上进行的（图 1-1-7）。

KV_2 或 KU_2 表示用刀刃半径是 2mm 的摆锤测定的吸收能量，KV_8 或 KU_8 表示用刀刃半径是 8mm 的摆锤测定的吸收能量。

吸收能量越大，表示金属材料抵抗冲击试验力而不被破坏的能力越强。

吸收能量对组织缺陷非常敏感，它可灵敏地反映出金属材料的质量、宏观缺口和显微组织的差异，能有效地检验金属材料在冶炼、成型加工、热处理工艺等方面的质量。

（a）冲击试验机

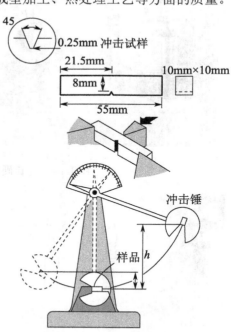

（b）冲击试样和冲击试验示意图

图 1-1-7　冲击试验机与试验示意图

注意：一般强度高，硬度一定也高；一般塑性高，韧性相应也高；但硬度高，强度不一定高；而韧性高，必定强度和塑性都高。

七、金属材料的疲劳强度

金属材料在循环应力作用下能经受无限多次循环而不断裂的最大应力值称为金属材料的疲劳强度，即循环次数 N 无穷大时所对应的最大应力值。

在工程实践中，一般求疲劳极限，即对应于指定的循环基数的中值疲劳强度。

对于钢铁材料，循环基数 $N = 10^7$；对于非铁金属，循环基数 $N = 10^8$。对于对称循环应力，其疲劳强度用 σ_{-1} 表示（图 1-1-8）。

影响疲劳强度的因素很多，除设计时在结构上注意减轻零件应力集中外，改善零件表面粗糙度，可减少缺口效应，从而提高零件的疲劳强度（图 1-1-9）。例如，采用高频淬火、表面形变强化（喷丸、滚压、内孔挤压等）、化学热处理（渗碳、渗氮、碳-氮共渗）及各种表面复合强化工艺等都可改变零件表层的残余应力状态，从而提高零件的疲劳强度。

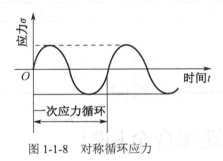

图 1-1-8 对称循环应力

图 1-1-9 疲劳断口示意图

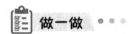 **任务实施**

做一做

1. 影响汽车碰撞实验得分的因素有哪些？汽车各主要部件选材的原则有哪些？

2. 金属材料的力学性能有哪些？如何测定？

3. 如图 1-1-10 所示，齿轮传动发生失效，与材料本身有关的原因有哪些？

4. 在工业生产和生活中，哪些产品是塑性材料？哪些产品是脆性材料？

图 1-1-10 受交变载荷的零件

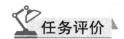

注意：80%以上的机件失效都属于疲劳破坏。

 任务评价

任务评价表见表 1-1-1。

表 1-1-1　金属材料力学性能任务评价表

任务名称			姓　名		日　期	
序　号	评 价 内 容			自评得分		互评得分
1	正确完成任务实施部分第 1~4 题（共 40 分）					
2	通过查找资料，正确说出汽车各部件材料的选择原则（共 40 分）					
3	参与本任务的积极性（共 10 分）					
4	完成本任务的能力（自主完成）（共 10 分）					
教师评语（评分）						

任务 2　认识铁碳合金相图

任务目标

1. 能说出合金的基本概念，理解铁碳合金的相结构。

2. 能以 Fe-Fe$_3$C 相图为中心，分析合金状态随温度的变化规律和相图的组成，以及温度变化导致的成分变化的规律。

3. 能说出 Fe-Fe$_3$C 相图在实际生产中的应用。

任务分析

铁碳合金的应用非常广泛，不同用途的零件对材料的要求是不一样的。同是铁碳合金，会因为含碳量不一样而导致材料的性能不同。

纯金属由于强度和硬度一般都较低，冶炼困难，因而价格较高，在使用上受到限制。工业生产中应用最广泛的钢铁材料是铁碳合金。非合金钢、工程铸铁等是铁碳合金，低合金钢、合金钢等实际上是有意加入合金元素的铁碳合金。因此，研究铁碳合金具有非常重要的现实意义。若想深入了解铁碳合金，必须首先研究其相结构和相图。

铁碳合金相图是表示在缓慢冷却（或缓慢加热）的条件下，不同成分的铁碳合金的状态或组织随温度变化的图形。由铁碳合金相图可知，在铁碳合金中，含碳量不同，组织不同，性能不同；温度不同，状态也不同。要了解铁碳合金的组织变化规律，必须对其结晶过程进行分析。

知识准备

一、合金的基本概念

1. 合金

合金是由两种或两种以上的金属元素或金属与非金属元素组成的具有金属特性的物质。钢及铸铁是 Fe 与 C、Si、Mn、P、S 及少量的其他元素所组成的合金。其中除 Fe 外，C 的含量对钢铁的机械性能起着主要作用，故统称为铁碳合金。它是工程技术中最重要、用量最大的金属材料。

2. 组元

组成合金的独立的、最基本的单元称为组元，组元可以是组成合金的元素或稳定的化合物。由两个组元组成的合金是二元合金，由三个组元组成的合金是三元合金，由三个以上组元组成的合金为多元合金。

3. 相

合金相即合金中结构相同、成分和性能均一并以界面分开的组成部分。它是由单相合金和多相合金组成的。绝大多数实用的金属材料都是由一种或几种合金相所构成的合金。合金相的结构和性质，以及各相的相对含量，各相的晶粒大小、形状和分布对合金的性能起着决定性的作用。

4. 组织

合金的组织是由一种或多种相以不同的形态、尺寸、数量和分布形式组成的综合体。只由一种相组成的组织称为单相组织，由几种不同的相组成的组织称为多相组织。相是组织的基本组成部分。

组织是决定合金性能的一个极为重要的因素，而组织又首先取决于合金的相。所以，在研究合金的组织、性能之前，必须先了解合金组织中的相及其结构。

二、铁碳合金的相结构

铁碳合金的相结构主要有固溶体和金属化合物两类。属于固溶体相的有铁素体和奥氏体，属于金属化合物相的主要为渗碳体。

1. 铁素体

碳溶于 α-Fe 中形成的间隙固溶体称为铁素体，用符号 F 表示。铁素体保持了 α-Fe 的体心立方晶格结构，它的晶格间隙很小，因而溶碳能力极差，在 727℃时溶碳量最大，可达 0.0218%。随着温度的下降，溶碳量逐渐减小，在 600℃时溶碳量约为 0.0057%，在室温时溶碳量约为 0.0008%。因此其性能几乎和纯铁相同（图 1-2-1 和图 1-2-2）。

2. 奥氏体

奥氏体是碳溶于 γ-Fe 中所形成的间隙固溶体. 具有面心立方晶体结构，用字母 A 或者 γ 表示。γ-Fe 为面心立方晶体，其最大空隙为 0.51×10^{-8} cm，略小于碳原子半径，因而它的溶碳能力比 α-Fe 大，在 1148℃时 γ-Fe 最大溶碳量为 2.11%，随着温度的下降，溶碳能力逐渐减小，在 727℃时其溶碳量为 0.77%。

奥氏体是一种塑性很好、强度较低的固溶体，具有一定韧性（图 1-2-3 和图 1-2-4）。

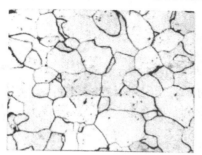

图 1-2-1　铁素体显微组织

图 1-2-2　铁素体产品

图 1-2-3　奥氏体显微组织

图 1-2-4　奥氏体不锈钢餐具

3. 渗碳体

渗碳体是含碳量为 $W_C = 6.69\%$ 的铁碳金属化合物，熔点为 1227℃，其化学分子式为 Fe_3C。热力学稳定性不高，在一定条件下会发生分解，形成石墨。在 230℃ 以下，具有一定的磁性。渗碳体具有正交晶体结构，其晶格为复杂的正交晶格，硬度很高（HBW＝800），塑性、韧性几乎为零，脆性很大，延伸率接近于零（图 1-2-5）。

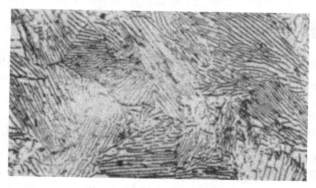

图 1-2-5　渗碳体显微组织

三、铁碳合金相图

铁碳合金相图是人类经过长期生产实践及大量科学实验后总结出来的，是研究碳钢和铸铁成分、温度、组织和性能之间关系的理论基础，也是选择材料、制定热加工和热处理工艺的主要依据。

在铁碳合金中，铁和碳可以形成一系列的化合物，如 Fe_3C、Fe_2C、FeC 等。而生产中实际使用的铁碳合金，其含碳量一般不超过 5%。因为含碳量高的材料脆性太大，难以加工，没有使用价值，而符合条件的铁碳化合物只有 Fe_3C，故铁碳合金相图也可看做 $Fe-Fe_3C$ 相图。

从铁碳合金相图可知，铁碳合金的基本组元是纯铁和 Fe_3C。铁存在着同素异晶转变，即在固态下有不同的结构。不同结构的铁与碳可以形成不同的固溶体，$Fe-Fe_3C$ 相图上的固溶体都是间隙固溶体。由于 α-Fe 和 γ-Fe 晶格中的孔隙特点不同，因而两者的溶碳能力也不同。

为了便于分析，作如图 1-2-6 所示的 $Fe-Fe_3C$ 简化相图。图中纵坐标为温度，横坐标为含碳量的质量百分数。

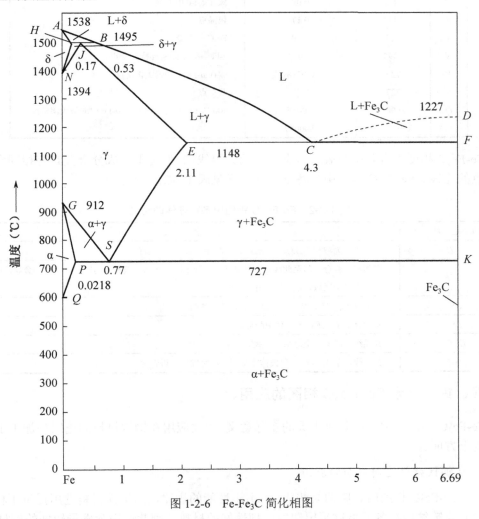

图 1-2-6 $Fe-Fe_3C$ 简化相图

$Fe-Fe_3C$ 简化相图中各点的温度、含碳量及含义见表 1-2-1。

表 1-2-1　Fe-Fe₃C 简化相图中各点的温度、含碳量及含义

符号	温度（℃）	含碳量（%，质量）	含　义
A	1538	0	纯铁的熔点
B	1495	0.53	包晶转变时液态合金的成分
C	1148	4.30	共晶点
D	1227	6.69	Fe₃C 的熔点
E	1148	2.11	碳在 γ-Fe 中的最大溶解度
F	1148	6.69	Fe₃C 的成分
G	912	0	α-Fe→γ-Fe 同素异构转变点
H	1495	0.09	碳在 δ-Fe 中的最大溶解度
J	1495	0.17	包晶点
K	727	6.69	Fe₃C 的成分
N	1394	0	γ-Fe→δ-Fe 同素异构转变点
P	727	0.0218	碳在 α-Fe 中的最大溶解度
S	727	0.77	共析点
Q	600	0.0057	600℃（或室温）时碳在 α-Fe 中的最大溶解度
	（室温）	（0.0008）	

Fe-Fe₃C 相图中有若干条表示合金状态的分界线，它们是不同成分合金具有相同含义的临界点的连线。Fe-Fe₃C 相图中各特征线的含义见表 1-2-2。

表 1-2-2　Fe-Fe₃C 相图中各特征线的含义

特　征　线	含　义
ACD	此线以上为液相（L），合金缓冷至液相线时，开始结晶
AECF	固相线。合金冷却至此线时，结晶终了，处于固体状态。液相线与固相线之间为金属液的结晶区域，在这个区域内液、固并存
GS	常称 A_3 线。冷却时，奥氏体转变为铁素体的开始线
ES	常称 A_{cm} 线。碳在奥氏体中的溶解度线
ECF	共晶线。液态合金冷却到该线时发生共晶转变
PSK	共析线，常称 A_1 线。奥氏体冷却到该线时发生共析转变

四、铁碳合金 Fe-Fe₃C 相图的应用

Fe-Fe₃C 相图在生产中具有重大的实际意义，主要应用在钢铁材料的选用和加工工艺的制定两个方面。

1. 在钢铁材料选用方面的应用

（1）Fe-Fe₃C 相图所表明的某些成分-组织-性能的规律，为钢铁材料选用提供了根据。

（2）建筑结构和各种型钢须用塑性、韧性好的材料，因此选用含碳量较低的钢材。

（3）各种机械零件需要强度、塑性及韧性都较好的材料，应选用含碳量适中的中碳钢。

（4）各种工具要用硬度高和耐磨性好的材料，应选用含碳量高的钢种。

（5）纯铁的强度低，不宜用做结构材料，但由于其磁导率高，矫顽力低，可作为软磁材料使用，如做电磁铁的铁芯等。

（6）白口铸铁硬度高、脆性大，不能切削加工，也不能锻造，但其耐磨性好，铸造性

能优良，适合制作要求耐磨、不受冲击、形状复杂的铸件，如拔丝模、冷轧辊、货车轮、犁铧、球磨机的磨球等。

2. 在铸造工艺方面的应用

根据 Fe-Fe$_3$C 相图可以确定合金的浇注温度。浇注温度一般在液相线以上 50～100℃。从相图上可看出，纯铁和共晶白口铸铁的铸造性能最好。它们的凝固温度区间最小，因而流动性好，分散缩孔少，可以获得致密的铸件，所以铸铁在生产上总是选在共晶成分附近。在铸钢生产中，含碳量规定在 0.15%～0.6%，因为这个范围内钢的结晶温度区间较小，铸造性能较好。

3. 在热锻、热轧工艺方面的应用

钢处于马氏体状态时强度较低，塑性较好，因此锻造或轧制选在单相奥氏体区内进行。

一般始锻、始轧温度控制在固相线以下 100～200℃范围内。温度高时，钢的变形抗力小，节约能源，设备要求的吨位低，但温度不能过高，防止钢材严重烧损或发生晶界熔化（过烧）。

终锻、终轧温度不能过低，以免钢材因塑性差而发生锻裂或轧裂。亚共析钢热加工终止温度多控制在 *GS* 线以上一点，避免变形时出现大量铁素体，形成带状组织而使韧性降低。过共析钢变形终止温度应控制在 *PSK* 线以上一点，以便把呈网状析出的二次渗碳体打碎。终止温度不能太高，否则再结晶后奥氏体晶粒粗大，使热加工后的组织也粗大。一般始锻温度为 1150～1250℃，终锻温度为 750～850℃。

4. 在热处理工艺方面的应用

Fe-Fe$_3$C 相图对于制定热处理工艺有着特别重要的意义。一些热处理工艺如退火、正火、淬火的加热温度都是依据 Fe-Fe$_3$C 相图确定的。

任务实施

做一做

1. 解释合金的基本概念——相。铁碳合金的基本相有哪些？

2. 何谓铁碳合金相图？试绘制简化后的 Fe-Fe$_3$C 相图，并说明各主要特征点和线的含义。

3. 讲述 Fe-Fe$_3$C 相图，对实际生产中选材和制定加工工艺的指导意义。

任务3 认识钢的热处理

任务目标

1. 理解热处理工艺（正火、退火、调质、淬火及回火）的实质。
2. 掌握热处理工艺的制定方法及热处理的基本操作方法。
3. 能说出表面热处理中感应加热表面淬火和渗碳、氮化工艺的目的及应用等。
4. 能制定典型零件的热处理工序。

任务分析

如图 1-3-1 所示，中国古代的铸剑工艺中，有一道工序是将烧红的剑身迅速插入冷水中，想一想，这一工序对宝剑的性能有什么影响？

图 1-3-1 铸剑热处理

在现代的机械零件制造工艺中，许多零件也需要进行热处理。如图 1-3-2 所示是机床主轴结构图。机床主轴大多采用 45 钢制造，为消除毛坯缺陷，改善工艺性能，延长使用寿命，在制造过程中需要进行热处理来提升性能。为满足其使用要求，请为机床主轴选择恰当的热处理工艺。

图 1-3-2 机床主轴结构图

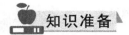

热处理是将固态金属或合金在一定介质中加热、保温和冷却，以改变整体或表面组织，从而获得所需性能的工艺，如图 1-3-3 所示。根据所要求的性能不同，热处理的类型有多种，其工艺过程都包括加热、保温和冷却三个阶段。

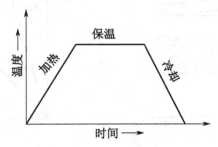

图 1-3-3　热处理工艺曲线

按其加热和冷却方式不同，热处理大致分类如下。

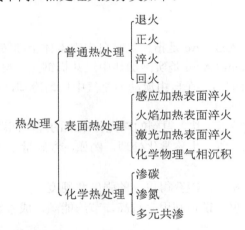

一、钢的整体热处理

1. 退火

退火是将组织偏离平衡状态的钢件加热到适当的温度，经过一定时间保温后缓慢冷却（一般为随炉冷却），以获得接近平衡状态组织的热处理工艺（图 1-3-4）。其主要目的如下。

（1）调整硬度以便进行切削加工。

（2）减轻钢的化学成分及组织的不均匀性（如偏析等），以提高工艺性能和使用性能。

（3）消除残余内应力（或加工硬化），减少工件后续加工中的变形和开裂。

（4）细化晶粒，改善高碳钢中碳化物的分布和形态，为淬火做好组织准备。

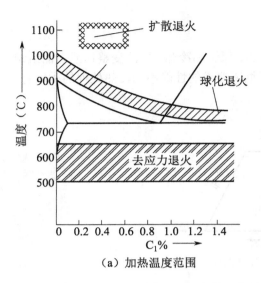

（a）加热温度范围

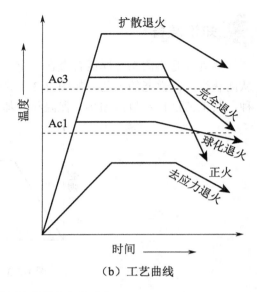

（b）工艺曲线

图 1-3-4　各种退火工艺的加热温度范围和工艺曲线

2. 正火

正火是将工件加热至 Ac3（Ac 是指加热时自由铁素体全部转变为奥氏体的终了温度，一般为 727～912℃）或 Acm（Acm 是实际加热中过共析钢完全奥氏体化的临界温度线）以上 30～50℃，保温适当时间后，在自由流动的空气中均匀冷却，得到珠光体类组织的热处理工艺。正火与退火的区别如下。

（1）正火的冷却速度较退火快，得到的珠光体组织的片层间距较小，珠光体更为细薄，目的是使钢的组织正常化，所以也称常化处理。例如，含碳量于 0.4% 时，可用正火代替完全退火。

（2）正火和完全退火相比，能获得更高的强度和硬度。

（3）正火生产周期较短，设备利用率较高，节约能源，成本较低（图 1-3-5）。

图 1-3-5　等温正火生产线

3．淬火

淬火是将钢加热到临界温度 Ac3（亚共析钢）或 Ac1（过共析钢）以上，保温一定时间使之奥氏体化后，再以大于临界冷却速度的冷速急剧冷却，从而获得马氏体的热处理工艺。

淬火主要是为了得到力学性能良好的马氏体，以提高钢的硬度、强度和耐磨性。淬火和回火相结合可以获得良好的综合力学性能。钢的淬火是最经济、最有效的强化手段之一（图1-3-6）。

图1-3-6　井式淬火槽

4．回火

钢件淬火后，为了消除内应力并获得所要求的组织和性能，将其加热到 Ac1 以下的某一温度，保温一定时间，然后冷却到室温的热处理工艺叫做回火。回火的目的是提高钢的韧性，调整钢的强度和硬度，稳定钢的内部组织以保证工件的几何精度，消除工件淬火时产生的内应力（图1-3-7）。

图1-3-7　回火设备

通常将淬火后的高温回火称为调质处理。调质处理能获得较综合的力学性能，齿轮和轴类零件常进行整体的调质处理。对于齿轮的齿面和轴与轴承配合的轴颈部分，常需要进行表面淬火或化学热处理。

二、钢的表面热处理

在机械设备中有许多零件是在冲击载荷及摩擦条件下工作的，如齿轮、凸轮、曲轴等。它们要求表面具有很高的硬度和耐磨性，因此，这种零件的表面必须得到强化。

1. 表面淬火

仅对钢的表面加热、冷却而不改变其成分的热处理工艺称为表面淬火（图 1-3-8）。按照加热方式，有感应加热、火焰加热、激光加热、电接触加热和电解加热等表面淬火。最常用的是前三种。

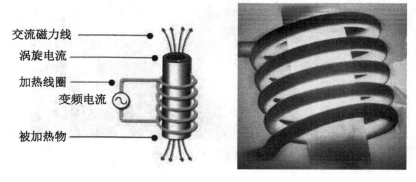

图 1-3-8　表面淬火

2. 化学热处理

化学热处理是将钢件置于一定温度的活性介质中保温，使一种或几种元素渗入它的表面，改变其化学成分和组织，满足表面性能技术要求的热处理过程（图 1-3-9）。化学热处理的目的是改善钢的耐磨性、耐蚀性、抗氧化性和零件表面硬度等。

按照表面渗入的元素不同，化学热处理可分为渗碳、氮化、碳氮共渗、渗硼、渗铝等。

图 1-3-9　化学热处理

三、典型零件的热处理工序分析

1. 热处理技术条件的标注

热处理技术条件，其内容包括预先热处理和最终热处理方法及应达到的力学性能要求等，作为热处理生产及检验时的依据。在图样上标注热处理技术条件，可用 GB/T 12603－1990《金属热处理工艺分类及代号》规定的热处理代号，也可用文字和数字说明。一般零件只标硬度值，重要零件要标出其强度、塑性、韧性的指标。对于渗碳件和表面淬火的零件，应分别标出渗碳层和淬硬层深度及其部位等要求。

2. 热处理工序位置的安排

按热处理的工序位置不同，分为预先热处理和最终热处理。

1）预先热处理

预先热处理包括退火、回火、调质等。一般安排在毛坯生产之后，切削加工之前，或粗加工之后，半精加工之前。

① 退火、正火工艺路线：毛坯生产—退火（或正火）—切削加工。

特别提示：凡经过热加工（铸、锻、焊接）的零件毛坯，都要进行退火或正火处理。主要是消除材料残余的内应力及降低钢的硬度，便于切削加工。

② 调质件工艺路线：下料—锻造—正火（或退火）—粗加工（留余量）—调质处理—半精加工（或精加工）。

调质主要是提高零件的综合力学性能。

2）最终热处理

最终热处理包括淬火、回火、渗碳、渗氮等。零件经最终热处理后硬度高，除磨削外不宜进行其他切削加工外，故工序位置一般安排在半精加工后，磨削加工前。

（1）淬火件工艺路线

淬火分整体淬火和表面淬火两种。

① 整体淬火（局部淬火相同）工艺路线：下料—锻造—退火（或正火）—粗加工、半精加工（留磨削余量）—淬火、回火（低、中温）—磨削。

② 表面淬火工艺路线：下料—锻造—退火（或正火）—粗加工—调质—半精加工（留磨削余量）—表面淬火、低温回火—磨削。

（2）渗碳件工艺路线

下料—锻造—正火—粗加工、半精加工（留防渗余量和镀铜）—渗碳（或渗氮等）—淬火及低温回火—磨削。

【例 1-1】已知一汽车变速箱齿轮（图 1-3-10）。经过对齿轮的结构及工作条件的分析，确定该齿轮选用 20CrMnTi 的锻件毛坯。它的热处理技术条件如下：渗碳层深度为 0.8～1.3mm，齿面硬度为 58～62HRC，芯部硬度为 33～48HRC。

生产过程中，齿轮加工工艺路线可选择：备料—锻造—热处理 1（退火或正火）—粗加工—热处理 2（调质）—半精加工—热处理 3（渗碳）—切削防渗余量—热处理 4（淬火及低温回火）—（喷丸）—校正花键孔—磨齿。

图 1-3-10　齿轮热处理

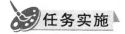

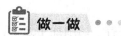

1. 退火与正火的主要区别是什么？生产中应如何选择正火和退火？

___

2. 什么是淬火？淬火的目的是什么？

___

3. 什么是回火？淬火钢为什么要回火？

___

4. 确定任务分析中机床主轴的加工工艺路线，并说明各热处理工序所起的主要作用。

___

任务 4　常用金属材料及选材原则

 任务目标

1. 能说出铸铁的种类及其主要应用场合。
2. 能归纳出碳素钢的分类情况。
3. 能说出主要有色金属的种类及其应用场合。
4. 能说出选材的一般原则并会分析典型零件的选材及加工路线。

任务分析

　　生产和生活中使用的材料丰富多彩，各种材料的性能和使用范围各有千秋。在机械工程材料领域，由于金属材料具有优良的综合力学性能，而且有成熟的使用经验，目前仍然是机械工程中最主要的结构材料。在各类金属材料中，钢铁材料应用得最为广泛。试讨论一下餐具和厨具是用什么材料制作的（图 1-4-1）。

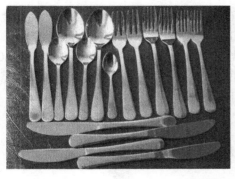

图 1-4-1 餐具和厨具

机械工程材料以钢铁为主，但钢材在很多情况下因满足不了某些特殊的性能要求，而被有色金属所取代（图 1-4-2）。试举例说明生活中采用非铁材料，但材质仍然为金属的物品。

图 1-4-2 有色金属产品

![知识准备]

金属、聚合物、陶瓷及复合材料是目前最主要的机械工程材料。它们各有千秋，各有适宜的用途。聚合物密度小，摩擦系数小，耐蚀性、电绝缘性及弹性等均好，常用于制造轻载齿轮、轴承、壳类零件及密封垫圈等。但由于其存在强度和刚度低、尺寸稳定性差、易老化等缺陷，故在机械工程中目前还不能用于制造较大的结构零件。陶瓷具有很好的化学稳定性、红硬性、耐热性，且硬度高，常用于制造在高温下工作的零件、切削刀具和某些耐磨零件。复合材料综合了各种不同材料的优良性能，如比强度高，抗疲劳、耐磨、减振性好，化学稳定性优异，是一种很有发展前途的工程材料。金属材料具有优良的综合力学性能，而且有成熟的使用经验，目前仍然是机械工程中最主要的结构材料。

一、常见的金属材料

1. 钢铁材料（黑色金属）

1）铸铁

（1）铸铁的应用

铸铁是含碳量大于 2.11% 的铁碳合金。铸铁具有良好的铸造性能、耐磨性、减摩性能、吸振性能、切削加工性能及低的缺口敏感性，而且生产工艺简单、成本低廉，经合金化后还具有良好的耐热性和耐腐蚀性等，广泛应用于农业机械、汽车制造、冶金、矿山、石油化工及机床与重型机械制造等行业。按重量分数计算，农业机械中铸铁件占 40%～60%，汽车制造中占 50%～70%，机床和重型机械中占 60%～90%。铸铁的塑性、韧性较差，只能用铸造工艺方法成型零件，而不能用压力加工方法成型零件（图 1-4-3）。

图 1-4-3　铸铁产品

（2）铸铁的分类

根据碳在铸铁中的存在形式，铸铁可分为灰口铸铁、白口铸铁和麻口铸铁等，见表 1-4-1。

表 1-4-1　铸铁的分类

名　称	特　点
灰口铸铁	碳主要以石墨形式存在，断口呈暗灰色。工业上使用的铸铁大多属于这类铸铁
白口铸铁	碳主要以渗碳体形式存在，断口呈银白色。该类铸铁硬、脆，很少直接使用。主要用做炼钢材料
麻口铸铁	碳一部分以渗碳体形式存在，另一部分以石墨形式存在，断口呈灰白色相间。该类铸铁也硬、脆，很少直接使用

在实际生产中最常用的是灰口铸铁，它又可分为以下 4 类。

① 灰铸铁：铸造性、减振性、减摩性、切削性比钢好，但力学性能较差。

② 可锻铸铁：力学性能稍好于灰铸铁。

③ 球墨铸铁：其中石墨为球状，力学性能与调质钢相当。

④ 蠕墨铸铁：石墨为蠕虫状，力学性能稍差于球墨铸铁。

常用灰铸铁牌号、力学性能及用途见表 1-4-2，黑心可锻铸铁和珠光体可锻铸铁的牌号、性能及用途见表 1-4-3。

表 1-4-2　常用灰铸铁牌号、力学性能及用途

牌号	力学性能		用　途
	σ_b/MPa $\geqslant$	HBS	
HT100	100	93～140	适用于载荷小、对摩擦和磨损无特殊要求的不重要铸件，如防护罩、盖、油盘、手轮、支架、底板、重锤、小手柄等
HT150	145	119～179	承受中等载荷的铸件，如机座、支架、箱体、刀架、床身、轴承座、工作台、带轮、端盖、泵体、阀体、管路、飞轮、电机座等

续表

牌号	力学性能		用　途
	σ_b/MPa $\geqslant$	HBS	
HT200	195	148~222	承受较大载荷和要求一定的气密性或耐蚀性等的较重要铸件，如汽缸、齿轮、机座、飞轮、床身、汽缸体、汽缸套、活塞、齿轮箱、刹车轮、联轴器盘、中等压力阀体等
HT250	240	164~247	
HT300	290	182~272	承受大载荷、要求耐磨和高气密性的重要铸件，如重型机床、剪床、压力机、自动车床的床身、机座、机架，高压液压件，活塞环，受力较大的齿轮、凸轮、衬套，大型发动机的曲轴、汽缸体、缸套、汽缸盖等
HT350	340	199~298	

表 1-4-3　黑心可锻铸铁和珠光体可锻铸铁的牌号、性能及用途

种类	牌号	试样直径/mm	力学性能				用途举例
			σ_b/MPa	$\sigma_{0.2}$/MPa	δ/%	HBS	
			不小于				
黑心可锻铸铁	KTH300-06	12 或 15	300	–	6	≤150	弯头、三通管件、中低压阀门等
	KTH330-08		330	–	8		扳手、犁刀、车轮壳等
	KTH350-10		350	200	10		汽车、拖拉机前后轮壳、减速器壳、转向节壳、制动器及铁道零件等
	KTH370-12		370	–	12		
珠光体可锻铸铁	KTZ450-06	12 或 15	450	270	6	150~200	载荷较大的耐磨损零件，如曲轴、凸轮轴、连杆、齿轮、活塞环、轴套、耙片、万向接头、棘轮、扳手、传动链条等

2）碳素钢

碳素钢是含碳量小于 1.35%（0.1%~1.2%），除铁、碳和限量以内的硅、锰、磷、硫等杂质外，不含其他合金元素的钢。碳素钢的性能主要取决于含碳量。含碳量增加，钢的强度、硬度升高，塑性、韧性和可焊性降低。与其他钢类相比，碳素钢使用最早，成本低，性能范围宽，用量最大（图 1-4-4）。

图 1-4-4　碳素钢

碳素钢的分类方法有如下几种。

（1）按化学成分分类

碳素钢按化学成分（即含碳量）可分为低碳钢、中碳钢和高碳钢。

① 低碳钢又称软钢，含碳量为 0.10%～0.25%。低碳钢易于接受各种加工，如锻造、焊接和切削，常用于制造链条、铆钉、螺栓、轴等。

② 中碳钢是含碳量为 0.25%～0.60% 的碳素钢。热加工及切削性能良好，焊接性能较差。强度、硬度比低碳钢高，而塑性和韧性低于低碳钢。中碳钢得到最广泛的应用，除作为建筑材料外，还大量用于制造各种机械零件。

③ 高碳钢又称工具钢，含碳量为 0.60%～1.70%。锤、撬棍等由含碳量为 0.75% 的钢制造，切削工具如钻头、丝攻、铰刀等由含碳量为 0.90%～1.00% 的钢制造。

（2）按钢的品质分类（根据钢中有害元素磷、硫的质量分数划分）

按钢的品质可分为以下几种。

① 普通碳素钢（S≤0.055%，P≤0.045%）。

② 优质碳素钢（S≤0.040%，P≤0.040%）。

③ 高级优质碳素钢（S≤0.030%，P≤0.035%）。

（3）按用途分类

① 碳素结构钢：主要用于制造桥梁、船舶、建筑构件、机器零件等。按照钢材屈服强度分为 5 个牌号：Q195、Q215、Q235、Q255、Q275。每个牌号由于质量不同分为 A、B、C、D 等级，最多的有 4 种，另外还有钢材冶炼的脱氧方法区别。

脱氧方法符号：

F——沸腾钢；

b——半镇静钢；

Z——镇静钢；

TZ——特殊镇静钢。

② 碳素工具钢：含碳量在 0.65%～1.35%，经热处理后可得到高硬度和高耐磨性，主要用于制造各种工具、刃具、模具和量具。

3）合金钢

为了提高钢的机械性能、工艺性能或物理化学性能，通常有意识地向钢中加入一些合金元素，由此得到的钢就称为合金钢（图 1-4-5）。

图 1-4-5　合金钢

合金钢分类见表 1-4-4。

表 1-4-4 合金钢分类

第一层	第二层	第三层	特点及用途
合金钢	合金结构钢	低合金钢	1. 低碳型合金钢，合金元素总量一般不大于3% 2. 强度明显高于碳素钢，有较好的塑性和韧性，可焊性尚可 3. 用于中高温、抗氢、抗高温硫腐蚀等
		调质钢	1. 中碳型合金钢，合金元素含量较低 2. 强度较高 3. 用做高温螺栓、螺母材料等
		弹簧钢	1. 含碳量比调质钢高 2. 经调质处理，强度较高，抗疲劳强度也较高 3. 用做弹簧材料
		滚动轴承钢	1. 高碳型合金钢，合金含量较高 2. 具有高而均匀的硬度和耐磨性 3. 用于制造滚动轴承
	合金工具钢	量具钢	1. 高碳型合金钢，合金元素含量较低 2. 具有高的硬度和耐磨性，机加工性能好，稳定性好 3. 用做量具材料
	特殊性能钢	不锈钢	1. 低碳高合金钢 2. 抗腐蚀性好 3. 用于抗腐蚀，部分可做耐热材料
		耐热钢	1. 低碳高合金钢 2. 耐热性能好 3. 用做耐热材料，部分可做抗腐蚀材料
		低温钢	1. 低碳合金钢，根据耐低温程度，合金元素含量有高有低 2. 抗低温性好 3. 用做低温材料（专用钢为镍钢）

2．非铁合金（有色金属及其合金）

1）铝及铝合金

（1）纯铝

纯铝是银白色金属，主要的性能特点是密度（2.7g/cm³）小，导电性和导热性强，抗大气腐蚀性能好，塑性好，无铁磁性。因此其适宜制作要求导电的电线、电缆，以及具有导热性能和耐大气腐蚀而对强度要求不高的某些制品（图 1-4-6）。

图 1-4-6 工业纯铝

（2）铝合金

常用铝合金的分类如下。

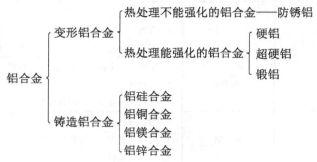

铝合金制品如图 1-4-7 所示。

图 1-4-7　铝合金制品

2）铜及铜合金

（1）工业纯铜

工业纯铜呈玫瑰红色，表面氧化膜呈紫色，故称紫铜。其纯度为 99.5%～99.95%，主要用于制作导电材料及配制铜合金。工业纯铜的密度为 8.96g/cm³，熔点为 1083℃。

纯铜具有很强的导电性、导热性和抗磁性。纯铜的抗拉强度不高（σ_b＝200～400MPa），但伸长率很高（δ＝45%～50%），其硬度较低（图 1-4-8）。

图 1-4-8　工业纯铜拉丝彩印产品

（2）铜合金

铜合金的分类如下。

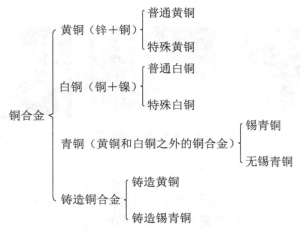

① 黄铜——以锌为主加元素的铜合金。

● 普通黄铜：普通黄铜是铜和锌的合金。

普通黄铜常用的牌号及用途：H80，颜色是美丽的金黄色，又称金黄铜，可制作装饰品；H70 又称三七黄铜，它具有较好的塑性和冷成型性，用于制造弹壳、散热器等，故又称弹壳黄铜；H62 又称四六黄铜，是普通黄铜中强度最高的一种，主要用于制造弹簧、垫圈、金属网等。

● 特殊黄铜：在普通黄铜中再加入其他合金元素所组成的铜合金，称为特殊黄铜。常加入的元素有铅、锡、铝、锰、硅等，相应地可称这些特殊黄铜为铅黄铜、锡黄铜、铝黄铜、锰黄铜和硅黄铜。加入合金元素可提高黄铜的强度、耐蚀性，改善工艺性。

特殊黄铜常用的牌号及用途：由"H"与主加合金元素符号、铜含量百分数、合金元素含量百分数组成。例如，HPb59—1 表示含铜质量分数为59%，含铅质量分数为1%，其余为锌的铅黄铜。铅黄铜主要用于制造大型轴套、垫圈等。锰黄铜（HMn58—2）主要用于制造在腐蚀条件下工作的零件，如气阀、滑阀等。表 1-4-5 列出了常用特殊黄铜的牌号、力学性能及用途。

表 1-4-5　常用特殊黄铜的牌号、力学性能及用途

合金类型	合金牌号	力学性能			用途
		σ_b/MPa	δ /%	硬度/HBW	
铅黄铜	HPb59—1	400/650	45/16	44/80	轴、轴套、螺栓、螺钉、螺母、分流器、导电排
铝黄铜	HAl77—2	400/650	55/12	60/170	耐腐蚀零件
硅黄铜	HSi80—3	300/600	58/4	90/110	船舶零件、水管零件

注：力学性能中分子为600℃退火状态数值，分母为变形度50%的硬化状态数值。

② 白铜——以镍为主加元素的铜合金。

普通白铜是铜镍合金，在普通白铜中加入其他元素时所组成的铜合金，称为特殊白铜地，如锌白铜、锰白铜、铁白铜等。

③ 青铜——除黄铜和白铜以外的铜合金。

青铜按其化学成分主要分为锡青铜和无锡青铜。根据生产方法的不同，青铜又分为压力加工青铜与铸造青铜两大类。

铜合金产品如图 1-4-9 所示。

图 1-4-9　铜合金产品

3）钛及钛合金

（1）工业纯钛

纯钛呈银白色，密度为 $4.5g/cm^3$，熔点为 1677℃，热膨胀系数小。钛能在 882℃发生同素异晶转变，由密排六方晶格转变为体心立方晶格。

纯钛密度低，熔点高，耐高温，耐腐蚀，塑性好，强度低，有良好的低温韧性，容易加工成型，在多种介质中钛的耐腐蚀性比普通不锈钢还优良，所以钛是一种很有发展价值的新型金属材料。

（2）钛合金

向钛中加入铝、硼、钼、铬、钒、锰等元素，可得到不同类型的钛合金，满足不同的使用需要。钛合金按使用状态组织的不同，分为 α 钛合金、β 钛合金和（α+β）钛合金三大类。它们的牌号分别用汉语拼音字母"TA"、"TB"、"TC"和其后的数字表示。

钛合金主要用于制作飞机发动机压气机部件，还可制作火箭、导弹和高速飞机的结构件。20 世纪 60 年代中期，钛及其合金已在一般工业中应用，用于制作电解工业的电极、发电站的冷凝器、石油精炼和海水淡化的加热器，以及环境污染控制装置等。钛及其合金已成为一种耐蚀结构材料。此外还用于生产贮氢材料和形状记忆合金等（图 1-4-10）。

图 1-4-10　钛合金产品

4）硬质合金

（1）定义

硬质合金是指以一种或几种难熔碳化物（如碳化钨、碳化钛等）的粉末为主要成分，加入起黏结作用的金属钴粉末，用粉末冶金方法制作的材料。

（2）性能特点

硬质合金具有硬度高、红硬性好、耐磨性好的特点。用硬质合金做成的刀具比高速钢刀具切削速度高 4～7 倍，刀具寿命大大提高，可切削约 50HRC 的硬质材料。但硬质合金脆性大，成型性能差，不能制成复杂形状的刀具（图1-4-11）。

（3）分类

常用硬质合金按成分和性能特点分为钨钴类硬质合金、钨钛钴类硬质合金和钴钛钽（铌）类硬质合金。

图1-4-11　硬质合金产品

二、选材的一般原则和方法

1. 使用要求（也称使用性能原则，是首要考虑因素）

（1）零件的工况：包括受力状况、工作介质和工作环境。其中，腐蚀介质、振动、冲击、高温、低温、高速、高载尤其应当慎重对待；此外，使用要求还可能包括一些特殊项目，如导电性、热膨胀性、磁性、密度、美感、手感等。

（2）对零件尺寸和质量的限制：有些尺寸是不允许变更的，有些则是不宜变更的，而多数质量要求与材料表面状态有关。

（3）零件的重要程度：通常是对于整机可靠性的相对重要性，有时则与零件本身的价值以及是否便于更换有关。

显然，后两方面又直接与设计和制造（即下面的工艺性能原则）密切相关。

2. 工艺要求（也称工艺性能原则，是决定成本利润的关键）

（1）毛坯制造（铸造、锻压、切割、冲裁等尽量少废料或者无废料的工艺）。

（2）机械加工（机加工工艺线路优化：质量+效率高）。

（3）热处理工艺（使用性能需要，选用材料胜任）。

（4）表面处理（不仅仅是漂亮，而且可以多方面改善使用性能，降低制造成本）。

3. 经济性要求（也称经济性原则，不是越便宜越好）

（1）材料价格（普通圆钢与冷拉型材，精密铸造、精密锻造的毛坯成本与加工成本的对比等）。

（2）加工批量和加工费用（很多时候片面的机械化和自动化，既不能保质也无法保量）。

（3）材料的利用率（如板材、棒料、型材的规格，要合理搭配加以利用）。

（4）替代（尽量用廉价材料来代替价格相对昂贵的稀有材料，如在一些耐磨部位用球铁套替代铜套；用含油轴承替代车削加工的一些套；在速度负载不大的情况下，用尼龙替代钢件齿轮或者铜蜗轮等。但是，在不同金属材料机械连接时，无论是铆钉、螺钉还是铰链，都应尽量使用好材料）。

另外，还要考虑国家资源政策、国际市场动态和当地材料的供应情况等。

三、典型零件选材分析

这里介绍机床齿轮的选材分析（图1-4-12）。

一般来说，机床齿轮工作条件较好，转速中等，载荷不大，工作平稳，无强烈冲击，因此常选用调质钢如45、40Cr等制造。经正火或调质处理后，再经感应加热表面淬火强化，齿面硬度可达50～58HRC，齿轮芯部硬度可达220～250HBS，完全满足性能要求。

其加工工艺路线为：下料—锻造—正火—粗加工—调质—精加工—高频淬火—低温回火—精磨—成品。

图1-4-12　机床及齿轮

 任务实施

做一做 ● ● ● ●

1. 对于下列铸件，确定选用何种铸铁材料较合适：车床床身、加热炉炉底板、柴油机曲轴、轧辊、污水管、化工容器和手轮。说出它们的主要性能特点。

2. 何谓碳素钢？碳素钢按用途可分为哪两大类？何谓合金钢？合金钢按用途可分为哪三大类？按含碳质量分数划分，可将它分为哪三种？

3. 什么是有色金属？常见的有色金属分哪几种？它们各有什么特性？日用品有纯金属制造的吗？说出由两种有色金属组成的合金材料名称及其主要性能特点。

4. 选材遵循的一般原则是什么？试完成汽车变速箱中齿轮的选材，并制定其加工工艺路线。

5. 小组讨论问题：

（1）第一组同学每人准备三件不同结构的钢材料日用品，说出每件物品主要的性能特点或主要功能；

（2）第二组同学每人准备三件不同的工具钢材料日用品，说出每件物品主要的性能特点或主要功能；

（3）第三组同学每人准备三件不同的不锈钢材料日用品，说出每件物品主要的性能特点或主要功能；

（4）第四组同学每人准备三件不同的有色金属材料日用品，说出每件物品主要的性能特点或主要功能。

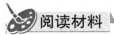 阅读材料

材料的发展史

人类社会的发展历程，是以材料为主要标志的。100 万年以前，原始人以石头作为工具，称旧石器时代（图 1-4-13）。1 万年以前，人类对石器进行加工，使之成为器皿和精致的工具，从而进入新石器时代。新石器时代后期，出现了利用黏土烧制的陶器。人类在寻找石器的过程中认识了矿石，并在烧陶生产中发展了冶铜术，开创了冶金技术。公元前 5000 年，人类进入了青铜器时代。公元前 1200 年，人类开始使用铸铁，从而进入了铁器时代。随着技术的进步，又发展了钢的制造技术。18 世纪，钢铁工业的发展，成为产业革命的重要内容和物质基础。19 世纪中叶，现代平炉和转炉炼钢技术的出现，使人类真正进入了钢铁时代。与此同时，铜、铅、锌也大量得到应用，铝、镁、钛等金属相继问世并得到应用。直到 20 世纪中叶，金属材料在材料工业中一直占据主导地位。

图 1-4-13　石器时代

陶瓷是人类最早利用自然界所提供的原料制造而成的材料。20 世纪 50 年代，合成化工原料和特殊制备工艺的发展，使陶瓷材料产生了一个飞跃，出现了从传统陶瓷向先进陶瓷的转变，许多新型功能陶瓷形成了产业，满足了电力、电子技术和航天技术的发展和需要（图 1-4-14）。

图 1-4-14　陶瓷材料艺术品

20 世纪中叶以后，科学技术迅猛发展，作为发明之母和产业粮食的新材料又出现了划时代的变化。首先是人工合成高分子材料问世，并得到广泛应用。先后出现了尼龙、聚乙烯、聚丙烯、聚四氟乙烯等塑料，以及维尼纶、合成橡胶、新型工程塑料、高分子合金和功能高分子材料等。仅半个世纪时间，高分子材料已与有上千年历史的金属材料并驾齐驱，并在年产量的体积上已超过了钢，成为国民经济、国防尖端科学和高科技领域不可缺少的材料（图 1-4-15）。

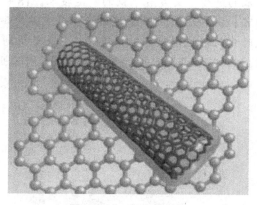

图 1-4-15　高分子材料

结构材料的发展，推动了功能材料的进步。20 世纪初，人们开始对半导体材料进行研究。20 世纪 50 年代，制备出锗单晶，后又制备出硅单晶和化合物半导体等，使电子技术领域由电子管发展到晶体管、集成电路、大规模和超大规模集成电路。半导体材料的应用和发展，使人类社会进入了信息时代。

现代材料科学技术的发展，促进了金属、非金属无机材料和高分子材料之间的密切联系，从而出现了一个新的材料领域——复合材料。复合材料以一种材料为基体，以另一种或几种材料为增强体，可获得比单一材料更优越的性能。复合材料作为高性能的结构材料和功能材料，不仅用于航空航天领域，而且在现代民用工业、能源技术和信息技术方面不断扩大应用。

项目总结

1. 材料的工艺性能是材料在加工过程中所体现出来的性质。金属材料的工艺性能常体现为铸造性能、锻造性能、焊接性能、热处理性能和切削性能等。

2. 材料的使用性能是指材料在使用过程中所体现出来的性质。金属材料的使用性能常常从物理性能、化学性能和力学性能三方面去考虑。

3. 材料的力学性能指材料在不同环境（温度、介质、湿度）下，承受各种外加载荷（拉伸、压缩、弯曲、扭转、冲击、交变应力等）时所表现出来的力学特征。主要有强度、塑性、韧性、抗疲劳强度等。

4. 铁碳合金相图是表示在缓慢冷却（或缓慢加热）的条件下，不同成分的铁碳合金的状态或组织随温度变化的图形。由铁碳合金相图可知，在铁碳合金中，含碳量不同，组织不同，性能不同；温度不同，状态也不同。

5. 铁碳合金相图在生产中具有重大的实际意义，主要应用在钢铁材料的选用和加工工艺的制定两个方面。

6. 钢材经过热处理后，能改善性能，从而满足使用要求。常见的热处理方法有退火、正火、淬火、回火、调质、表面淬火、表面渗碳、表面渗氮、时效处理等。

7. 黑色金属是指以铁为主形成的金属。根据含碳量的不同，铁碳合金又分为铸铁和碳素钢。

8. 碳素钢按含碳量可分为低碳钢、中碳钢、高碳钢，按质量等级可分为普通钢、优质钢，按用途可分为结构钢和工具钢。

9. 有色金属常指除铁和铁基合金以外的所有金属。

10. 常用的有色金属及其合金主要有铝及铝合金、铜及铜合金、钛及钛合金、轴承合金及硬质合金等。

思考与练习题

1. 什么是材料的工艺性能？什么是使用性能？它们各包括哪些内容？

2. 材料力学性能的指标有哪些？如何衡量强度和塑性的高低？

3. 什么是硬度？用什么方法比较材料硬度？普通玻璃和美工刀片比较，哪个更硬一些？简述你的理由。

4. 铁碳合金中基本相有哪几种？室温下的基本相是什么？

5. 铁碳合金相图在生产中具有哪些意义？

6. 试说出各种热处理工艺的名称及其主要作用。

7. 热处理有什么意义？整体热处理与表面热处理有什么区别？

8. 淬火有哪些缺陷？影响淬火质量的因素有哪些？

9. 回火的主要目的是什么？工件淬火后为什么要及时回火？

10. 什么是碳素钢？碳素钢按用途可分为哪两大类？什么是合金钢？

11. 什么是有色金属？常见的有色金属分哪几种？它们各有什么特性？

12. 试述选材遵循的一般原则。

项目 2 机械装置的受力分析

项目目标

1. 会对力学模型进行受力分析，并且会画出受力物体的受力图。
2. 会利用合力矩定理，计算平面汇交力系的合力。
3. 会计算平面物体的合力偶矩。
4. 会对机械零部件受力进行分析计算。
5. 培养分析问题、解决问题的能力，以及独立思考和动手能力。

项目描述

静力学是研究物体在力系作用下的平衡规律的科学。物体是对人们在工程及生活实践中所接触到的具体对象的统称，如机械零部件，建筑中的梁、柱，以及各类工具等。

在大多数情况下，物体的变形对研究物体的平衡问题的影响极微，也可忽略不计，因此近似地认为这些物体在受力状态下是不变形的。这种用假想的物体代替真实物体的力学模型称为刚体。静力学主要研究刚体在力系作用下的平衡规律。

静力学在机械工程中有着广泛的应用。例如，在设计平衡的机械零部件时，首先要分析其受力，再应用平衡条件求出未知力，最后研究机械零部件的承载力。因此，静力学是机械工程力学的基础。

任务 1 认识静力学基础

任务目标

1. 了解力、力系、刚体和平衡的概念。
2. 掌握静力学的 4 个基本公理，会判断二力杆。
3. 掌握典型约束的特点及约束反力的画法。
4. 会对物体进行受力分析并掌握画图步骤。
5. 掌握研究静力学的重要方法——抽象化方法。

任务分析

如图 2-1-1 所示，卸货汽车卸货时，需要用液压缸将车厢部分顶起至倾斜状态，翻斗可绕铰链支座 A 转动，液压缸推杆视为二力杆。已知汽车本身重 G_1，翻斗重 G_2。想一想：车厢的受力情况如何？分别是哪些物体对它施加的？车厢的受力大小与哪些因素有关？

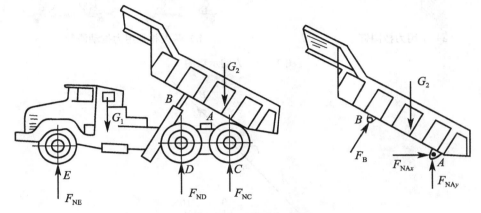

图 2-1-1 翻斗汽车卸货图

思考

1. 什么是力？力的要素和效应是什么？
2. 力可以合成吗？怎样合成？
3. 常见的约束类型有哪些？各有什么特点？
4. 任务中车厢的受力情况如何？有哪些主动力和约束力？

为了学好刚体静力学，首先要正确理解刚体静力学的研究对象、力及平衡的概念、静力学基本公理等基本内容，其次应掌握工程中常见约束特点和约束反力，要多分析物体受力模型，绘制物体的受力图。

知识准备

一、力的基本概念及其性质

1. 力的概念

力是物体之间相互的机械作用，如图 2-1-2 所示。

（1）力的效应。

① 力的外效应（运动效应）：改变物体的运动状态。

② 力的内效应（变形效应）：使物体的形状发生改变。

（2）力的三要素：大小、方向、作用点。

（3）力的单位：牛顿（N）、千牛顿（kN）。

（4）力的矢量表示：常用一个带箭头的有向线段表示，如图 2-1-3 所示。

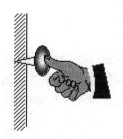

（a）手用力按图钉　　　　　　　　（b）两人相互用力推动滑行

图 2-1-2　力的示意图

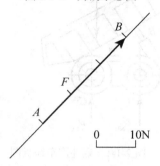

图 2-1-3　力的矢量表示

2．力的性质

（1）刚体的概念

在受力状态下保持其几何形状和尺寸不变的物体称为刚体。刚体是理想的力学模型。

（2）静力学公理

① 公理 1——二力平衡公理。

作用在刚体上的两个力，使刚体保持平衡的必要与充分条件是这两个力的大小相等、方向相反，且作用在同一条直线上。

如图 2-1-4 所示，二力平衡的条件是 $F_A = -F_B$。

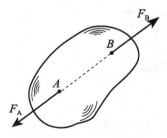

图 2-1-4　二力平衡的条件

注意：二力平衡公理是刚体受最简单的力系作用时的平衡条件。对于刚体，这个条件既必要又充分；而对于变形体，这个条件虽然必要但不充分。

二力体：只受两个力作用而平衡的物体。机械和建筑结构中的二力体统称为二力构件。

受力特点：两个力的方向必在二力作用点的连线上（图 2-1-5）。

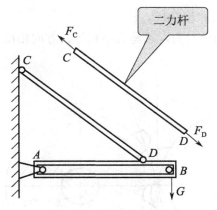

图 2-1-5　公理 1 的应用

② 公理 2——力的平行四边形法则。

作用于物体上同一点的两个力的合力也作用于该点，且合力的大小和方向可用以这两个力为邻边所作的平行四边形的对角线来确定。

该公理说明，力矢量可按平行四边形法则进行合成与分解，如图 2-1-6 所示。合力矢量 F_R 与分力矢量 F_1、F_2 间的关系符合矢量运算法则。矢量表达式为 $F_R = F_1 + F_2$

平行四边形法则可推广到作用在同一点的 n 个力 F_1，F_2，F_3，…，F_n 的情况：

$$F_R = F_1 + F_2 + \cdots + F_n = \sum F$$

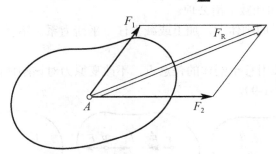

图 2-1-6　力的平行四边形

如果刚体受同一平面的三个互不平行的力作用而平衡，则此三个力的作用线必汇交于一点。这称为三力平衡汇交定理（图 2-1-7）。

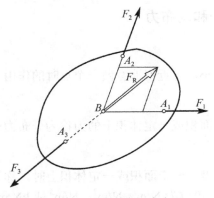

图 2-1-7　三力平衡汇交定理

③ 公理 3 —— 作用与反作用公理。

两个物体间相互作用的一对力，总是大小相等、方向相反且共线，分别作用于这两个物体（图 2-1-8）。

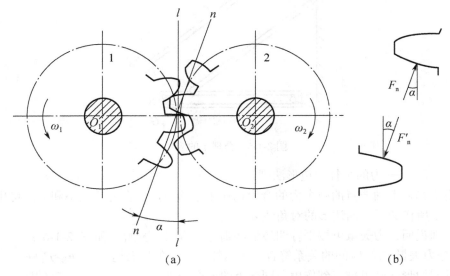

图 2-1-8 一对相互啮合的齿轮

④ 公理 4 —— 力的加减平衡公理。

在作用着已知力系的刚体上，加上或减去任一平衡力系，不会改变原力系对刚体的作用效应。

力可以沿其作用线滑移至刚体的任意点，不改变原力对该刚体的作用效应。这称为力的可传递性原理（图 2-1-9）。

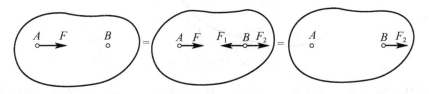

图 2-1-9 力的可传递性原理

二、集中力、分布力和均布力

1. 集中力

作用范围与体积相比很小，可近似地看做一个点时的作用力称为集中力。

2. 分布力（分布载荷）

作用在一定长度、一定面积或一定体积上的力称为分布力或分布载荷。

3. 均布力（均布载荷）

力均匀地分布在一定长度、一定面积或一定体积上时，称为均布力或均布载荷。

q——均布载荷的集度，单位为 N/m、N/m^2、N/m^3 或 kN/m、kN/m^2、kN/m^3 。

三、力系

作用于同一物体的若干个力称为力系。

1. 平面力系

各力的作用线都在同一平面内的力系称为平面力系。

2. 空间力系

各力的作用线不在同一平面内的力系称为空间力系。

3. 平衡力系

不改变物体原有运动状态的力系称为平衡力系。

4. 等效力系

对物体的作用效果完全相同的两个力系称为等效力系。

四、约束和约束力

1. 约束的相关概念

约束：一个物体的运动受到周围其他物体的限制。

约束反力：约束作用于物体上限制其运动的力。

主动力：作用于被约束物体上的除约束反力以外的力。

2. 约束力的特点

（1）总是作用在被约束体与约束体的接触处。

（2）方向总是与约束所能限制的运动或运动趋势的方向相反。

3. 约束的类型

（1）柔性约束

工程中，由柔索、钢丝绳、皮带、链条等柔性物体所形成的约束称为柔性约束（图 2-1-10）。

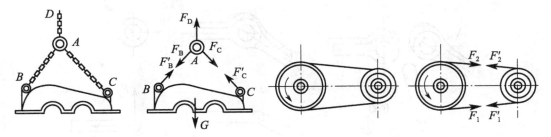

（a）链条的柔性约束 （b）皮带的柔性约束

图 2-1-10　柔性约束

特点：只能承受拉力，不能承受压力。限制物体沿柔索伸长方向的运动，约束反力只能是拉力，用符号 F 表示。

（2）光滑接触面约束

当两物体直接接触并可忽略接触面的摩擦时，即构成光滑接触面约束（图 2-1-11）。

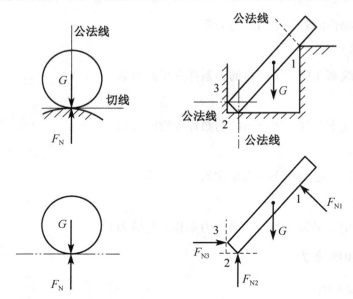

图 2-1-11 光滑接触面约束

特点：只能限制物体在接触点沿接触面的公法线方向的运动，不能限制物体沿接触面切线方向的运动。

（3）光滑铰链约束

光滑铰链是由两个带有圆孔的构件用光滑圆柱销钉连接而成的。

特点：销钉只限制两构件在垂直于销钉轴线的平面内的相对移动，而不限制两构件绕销钉轴线的相对转动。工程中这类约束有以下几种形式。

① 中间铰链约束。

如图 2-1-12（a）、（b）所示，圆柱销将两构件连接在一起，即构成中间铰链约束，常采用图 2-1-12（c）所示的简图表示。

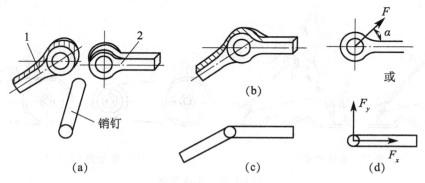

图 2-1-12 中间铰链约束

② 固定铰链支座约束。

如图 2-1-13（a）所示，若圆柱铰链约束中的一个构件固定，即构成固定铰链支座约束，用图 2-1-13（b）所示的简图表示。其约束反力的特点与中间铰链约束相同，如图 2-1-13（c）

所示。

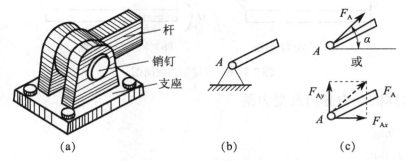

图 2-1-13　固定铰链支座约束

③ 活动铰链支座约束。

在固定铰链支座底部安装上滚子，并与光滑支承面接触，则构成活动铰链支座约束，如图 2-1-14（a）、（b）所示，通常用图 2-1-14（c）所示的简图表示。

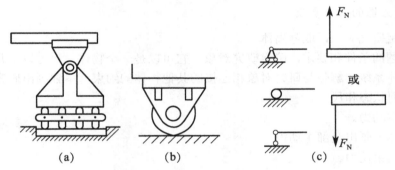

图 2-1-14　活动铰链支座约束

（4）固定端约束

如图 2-1-15 所示，建筑物上阳台的挑梁、车床上的刀具、立于路旁的电线杆等，均不能沿任何方向移动和转动，构件所受到的这种约束称为固定端约束。

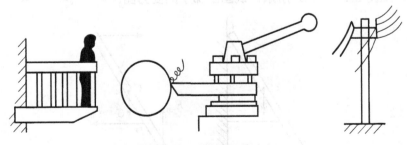

图 2-1-15　固定端约束实例

特点：
① 既不能移动，也不能转动；
② 反力由两个正交分力和一个阻止转动的力矩来表示（图 2-1-16）。

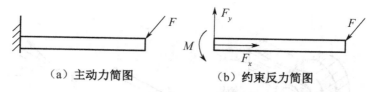

（a）主动力简图　　　（b）约束反力简图

图 2-1-16　固定端约束简图

五、物体的受力分析及受力图

1．基本概念

（1）受力分析

研究物体上所受的力，包括力的数量（所有的主动力、约束反力）、方向及力的作用点。

（2）受力图

在简图上除去约束，使研究对象成为自由体（分离体），在解除约束处画上约束反力，在分离体上画出全部主动力和约束反力。

2．画受力图的基本步骤

（1）确定研究对象，取分离体。

根据问题的条件和要求，确定研究对象，它可以是一个物体，也可以是几个物体的组合或整个物体系统，解除与研究对象相连接的其他物体的约束，单独画出研究对象，保持其原来的几何状态和尺寸。

（2）画主动力。

在分离体上画出全部主动力。

（3）画约束反力。

根据约束的类型，在解除约束的位置，画出相应的约束反力。

（4）检查受力图是否完整正确。

下面举例说明物体受力分析的过程和受力图的画法。

【例 2-1】重力为 G 的梯子 AB，放在光滑的水平地面和铅直墙上。在 D 点用水平绳索与墙相连，如图 2-1-17（a）所示。试画出梯子的受力图。

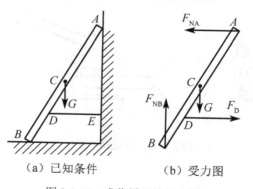

（a）已知条件　　　（b）受力图

图 2-1-17　求作梯子的受力图

【解】① 以梯子为研究对象，解除其约束，画出分离体图。

② 先画主动力即梯子的重力 G，作用于梯子的重心 C 点，方向竖直向下。

③ 画约束力。A 和 B 处都受到光滑面约束，其约束反力分别为 F_{NA} 和 F_{NB}。D 处受柔性约束，其约束反力为拉力 F_D。图 2-1-17（b）即为梯子的受力图。

【例 2-2】如图 2-1-18 所示的水平梁 AB，若不计自重，试画出梁 AB 的受力图。

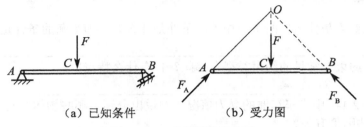

（a）已知条件　　　　　（b）受力图

图 2-1-18　求作梁的受力图

【解】① 以梁 AB 为研究对象，解除约束，画出分离体图。

② 先画主动力 F。

③ 画约束力。B 处受活动铰链约束，其约束反力 F_B 垂直于支承面。A 处受固定铰链约束，根据三力平衡汇交定理，A 点反力的作用线必通过 F 和 F_B 的交点 O，由此画出 A 处的约束反力 F_A。AB 梁的受力图如图 2-1-18（b）所示。

【例 2-3】如图 2-1-19（a）所示的结构由杆 AC、CD 和滑轮 B 铰接而成。物体重力为 G，用绳子挂在滑轮上。如杆、滑轮及绳子的自重不计，并忽略各处的摩擦，试分别画出滑轮 B、杆 AC 和 CD 及整个系统的受力图。

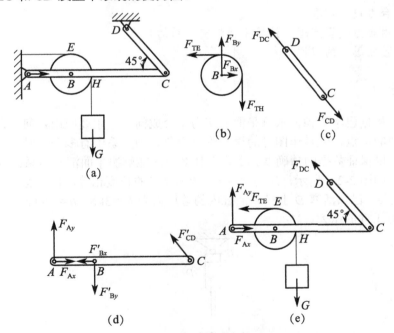

图 2-1-19　求作滑轮的受力图

【解】① 以滑轮 B 为研究对象，画出分离体图。如图 2-1-19（b）所示。

② 取杆 CD 为研究对象，画出分离体图。其受力图如图 2-1-19（c）所示。

③ 取杆 AC 为研究对象，画出分离体图。其受力图如图 2-1-19（d）所示。

④ 以整个系统为研究对象，画出分离体图。其受力图如图 2-1-19（e）所示。

任务实施

做一做 •••••

1．力的三要素是什么？两个力相等的条件是什么？二力平衡的条件是什么？

2．什么叫约束？常见的约束类型有哪些？各有什么特点？

3．分析图 2-1-1 中汽车车厢的受力情况，并说出分别是哪些物体对它施加的。车厢的受力大小与哪些因素有关？

任务2　平面汇交力系的计算

任务目标

1．会画出并计算力在坐标轴上的投影。
2．理解合力投影定理。
3．会利用合力投影定理，计算平面汇交力系的合力。
4．培养独立思考的习惯。

任务分析

任务一：根据已学知识，求解平面汇交力系合成问题。主要应用几何法，这种方法具有直观、简便的优点，但是作图时的误差难以避免。当力系中有多个力时，这种方法烦琐且误差大，难以保证数据的精确度。那还有什么方法能解决平面汇交力系的合成问题？

任务二：如图 2-2-1 所示，压力机中杆 AB 和 BC 的长度相等，自重忽略不计。A、B、C 处为铰链连接。已知活塞 D 上受到油缸内的总压力为 $F=3\text{kN}$，$h=200\text{ mm}$，$l=1500\text{mm}$，试求压块 C 对工件的压力。

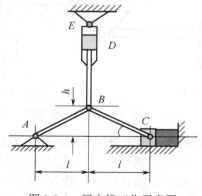

图 2-2-1　压力机工作示意图

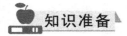

1. 一个力在平面直角坐标轴上如何投影？多个力又如何投影？
2. 如果计算平面汇交力系的合力？
3. 物体在平面汇交力系作用下处于平衡状态，合力大小应为多少？

知识准备

一、力在轴上的投影

设在刚体上的 A 点有一个作用力 F，如图 2-2-2 所示，在力作用线所在平面内取直角坐标系 Oxy。从力 F 的两端 A、B 分别向 x 轴和 y 轴作垂线，得垂足 a、b 和 a'、b'。线段 ab 称为力 F 在 x 轴上的投影，用 F_x 表示；线段 $a'b'$ 称为力 F 在 y 轴上的投影，用 F_y 表示。

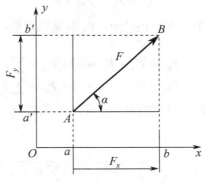

图 2-2-2 力的投影

力的投影是代数量，其正负号规定如下：若由 a 到 b（或 a' 到 b'）的方向与 x 轴（或 y 轴）的正向一致，则力 F 的投影 F_x（或 F_y）取正值，反之取负值。若已知力 F 与 x 轴所夹锐角 α，则

$$F_x = \pm F\cos\alpha$$

$$F_y = \pm F\sin\alpha$$

若已知一力在平面直角坐标系的 x 轴和 y 轴上的投影 F_x、F_y，则该力的大小和方向为

$$F = \sqrt{F_x^2 + F_y^2}$$

$$\tan\alpha = \left|\frac{F_y}{F_x}\right|$$

式中，α——力 F 与 x 轴正向的夹角，F 的指向可根据 F_x、F_y 的正负号来确定。

二、合力投影定理

如图 2-2-3 所示，合力 F 在任意轴上的投影，等于分力 F_1、F_2、F_3 在同一轴上的投影的代数和。

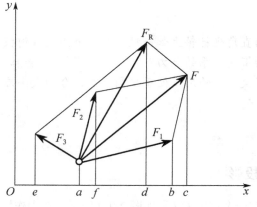

图 2-2-3　合力的投影

$$F_{Rx} = F_{1x} + F_{2x} + F_{3x}$$
$$F_{Ry} = F_{1y} + F_{2y} + F_{3y}$$

上述关系可推广到由 n 个力 F_1，F_2，…，F_n 组成的力系，从而得到合力 F 在坐标轴上的投影为

$$F_{Rx} = F_{1x} + F_{2x} + \cdots + F_{nx} = \sum F_x$$
$$F_{Ry} = F_{1y} + F_{2y} + \cdots + F_{ny} = \sum F_y$$

于是可得结论：合力在任意轴上的投影等于各分力在同一轴上投影的代数和，这就是合力投影定理。

合力的大小和方向：

$$F_R = \sqrt{F_{Rx}^2 + F_{Ry}^2} = \sqrt{\left(\sum F_x\right)^2 + \left(\sum F_y\right)^2}$$

$$\tan \alpha = \left| \frac{F_{Rx}}{F_{Ry}} \right|$$

式中，α ——力 F_R 与 x 轴正向的夹角，F_R 的指向可根据 F_{Rx}、F_{Ry} 的正负号来确定。

【例 2-4】如图 2-2-4 所示，在 O 点作用有 4 个平面汇交力，已知 $F_1=100N$，$F_2=100N$，$F_3=150N$，$F_4=220N$，求该力系的合力。

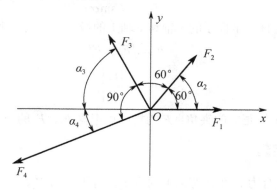

图 2-2-4　例 2-4 图

【解】根据合力投影定理，得合力在轴 x、y 上的投影分别为

$$F_{Rx} = F_1 + F_2\cos 60° - F_3\cos 60° - F_4\cos 30°$$

$$F_{Ry} = F_2\sin 60° + F_3\sin 60° - F_4\sin 30°$$

合力大小与方向：

$$F_R = \sqrt{F_{Rx}^2 + F_{Ry}^2}$$

$$\tan\alpha = \left|\frac{F_{Ry}}{F_{Rx}}\right|$$

具体代入数字计算过程略。

三、平面汇交力系的平衡方程计算及其应用

由于各力的作用线都汇交于一点并使物体处于平衡状态，显然，当矩心选取在汇交点时力矩式是恒等式。因此，独立的平衡方程只有投影式。

$$F_R = \sqrt{F_{Rx}^2 + F_{Ry}^2} = \sqrt{\left(\sum F_x\right)^2 + \left(\sum F_y\right)^2} = 0$$

要使上式成立，必须同时满足：

$$\sum F_x = 0$$
$$\sum F_y = 0$$

用解析条件求解平面汇交力系平衡问题的一般步骤如下：

（1）作出物体的受力图；

（2）建立平面直角坐标系，列出力系的平衡方程式；

（3）解方程，求出未知力。

【例 2-5】如图 2-2-5 所示为一夹具中的连杆增力机构，主动力 F 作用于 A 点，夹紧工件时连杆 AB 与水平线的夹角 $\alpha = 15°$。试求夹紧力 F_N 与主动力 F 的比值（摩擦不计）。

【解】分别取滑块 A、B 为研究对象，受力图如图 2-2-5 所示。两物体均受平面汇交力系作用，可设 F 为已知，求出 F_N，即可得到二者关系。

对滑块 A：

由 $\sum F_y = 0$，$-F + F_{AB}\sin\alpha = 0$

解得 $F_R = F/\sin\alpha$

对滑块 B：

由 $\sum F_x = 0$，$F'_{AB}\cos\alpha - F_N = 0$，$F'_{AB} = F_{AB}$

解得 $F_N = F'_{AB}\cos\alpha = F_{AB}\cos\alpha = F\cot\alpha$

于是 $F_N/F = \cot\alpha = \cot 15° = 3.73$

分析：从 $F_N/F = \cot\alpha$ 的关系式可以看出，α 越小，夹紧力与主动力的比值越大。

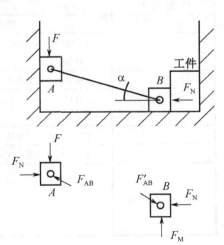

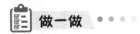

做一做 ● ● ● ●

完成本节开始提出的任务：试求压力机中压块 C 对工件的压力。

图 2-2-5　例 2-5 图

参考思路如下。

① 取活塞杆为研究对象，受力分析如图 2-2-6 所示。

列平衡方程：

$$\sum F_x = 0, \quad F_{AB} \cos\alpha - F_{BC} \cos\alpha = 0$$

$$\sum F_y = 0, \quad F_{AB} \sin\alpha + F_{BC} \sin\alpha - F = 0$$

求解过程请学生自行完成。

② 选压块 C 为研究对象，受力分析如图 2-2-7 所示。

列平衡方程：

$$\sum F_x = 0, \quad -F_Q + F_C \cos\alpha = 0$$

求解过程请学生自行完成。

压块对工件的压力就是力 F_Q 的反作用力。

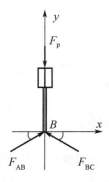

图 2-2-6　活塞杆受力图

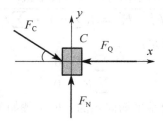

图 2-2-7　压块受力图

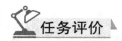

任务评价

任务评价表见表 2-2-1。

表 2-2-1　平面汇交力系任务评价表

任务名称		姓　　名		日　　期	
序　号	评价内容	自评得分		互评得分	
1	能正确绘制多个力的投影并计算投影力的大小和方向（共 20 分）				
2	理解平面汇交力系并会计算（共 20 分）				
3	正确完成本任务并计算出压块对工件施加的力（共 40 分）				
4	参与本任务的积极性（共 10 分）				
5	完成本任务的能力（自主完成）（共 10 分）				
教师评语（评分）					

任务 3   力矩与力偶的计算

任务目标

1. 能说出力矩的基本概念和性质。
2. 能说出力偶的基本概念和性质。
3. 能应用合力矩定理解决实际中的问题。
4. 培养独立思考的习惯。

任务分析

如图 2-3-1 所示，飞机起飞靠螺旋桨带动，那么飞机受到的螺旋桨的力系有什么特点？能不能合成一个力？

图 2-3-1   飞机螺旋桨装置

知识准备

一、力矩

1. 力矩的定义

如图 2-3-2 所示，用扳手拧紧螺母时，作用于扳手上的力 F 可使扳手与螺母一起绕螺母中心 O 转动。由经验可知，力 F 使扳手绕 O 点转动的效应，取决于力 F 的大小和 O 点到力作用线的垂直距离 d。

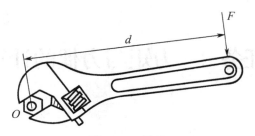

图 2-3-2　扳手

这种转动效应可用力对点的矩来度量。定义 $F \cdot d$ 为力 F 对点 O 之矩，简称力矩，用 $M_O(F)$ 表示。O 点称为力矩中心，简称矩心；d 称为力臂，则力矩的计算公式为

$$M_O(F) = \pm Fd$$

在平面上，力对点之矩是一个代数量，它的绝对值等于力的大小与力臂的乘积。

力矩的正负号规定如下：力使物体绕矩心逆时针方向转动时，力矩取正号；顺时针方向转动时，力矩取负号。力矩的单位为 N·m 或 kN·m。

由上式可以看出，力矩在下列两种情况下等于零。

① 力等于零。

② 力臂等于零。

2. 力矩的性质

从力矩的定义式 $M_O(F) = \pm Fd$ 可知，力矩有以下几个性质。

① 力 F 对 O 点之矩不仅取决于力 F 的大小，同时还与矩心的位置即力臂 d 有关。同一个力对不同的矩心，其力矩是不同的（包括数值和符号都可能不同）。

② 当力的作用线通过矩心时，力矩等于零。

3. 合力矩定理

假设 F_R 是平面汇交力系 F_1，F_2，…，F_n 的合力，则 F_R 对任一点 O 之矩等于力系中各分力对同一点之矩的代数和，即

$$M_O(F_R) = M_O(F_1) + M_O(F_2) + \cdots + M_O(F_n) = \sum M_O(F)$$

上式称为合力矩定理。

当力臂不容易求出时，常将力分解为两个正交的分力，然后应用合力矩定理计算力矩。

【例 2-6】如图 2-3-3 所示，圆柱直齿轮的齿面受一啮合力 F_n 的作用。已知 $F_n = 1400N$，压力角 $\alpha = 20°$，齿轮节圆（啮合圆）的半径 $r = 60cm$。试计算力 F_n 对轴心 O 的力矩。

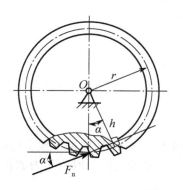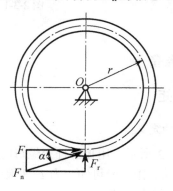

图 2-3-3　圆柱直齿轮

【解法 1】 按力对点之矩的定义有

$$M_O(F_n)=F_n h$$

其中 $F=r\cos\alpha$ ，故

$$M_O(F_n)=F_n h=F_n r\cos\alpha = 789.3\,\text{N}\cdot\text{m}$$

【解法 2】 按合力矩定理，将力 F_n 分解为圆周力 F 和径向力 F_r，则有

$$M_O(F_n)=M_O(F)+M_O(F_r)$$

由于径向力 F_r 通过矩心，故

$$M_O(F_r)= 0$$

于是得

$$M_O(F_n)=M_O(F)+M_O(F_r)=F_n\cos\alpha\cdot r =789.3\,\text{N}\cdot\text{m}$$

二、力偶

1. 力偶的定义

在生活及生产实践中，经常见到一些物体同时受到大小相等、方向相反、作用线互相平行的两个力作用的情况。例如，用手拧水龙头，作用在开关上的两个力 F 和 F'；司机用双手转动方向盘时的作用力 F 和 F'，如图 2-3-4 所示。

这一对等值、反向、不共线的平行力组成的特殊力系，称为力偶，记为 (F, F')。力偶中两个力作用线所决定的平面称为力偶作用面，两个力作用线之间的垂直距离称为力偶臂，用 d 表示。

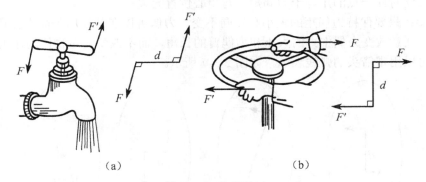

（a）　　　　　　　　　　（b）

图 2-3-4　力偶示例

力偶对刚体的作用效应是只能使其转动。在力偶作用面内，力偶使物体转动的效应，不仅与力 F 的大小有关，还与力偶臂 d 有关。用乘积 Fd 再冠以相应的正负号表示力偶使物体转动的效应，称为力偶矩，记为 $M(F, F')$ 或 M，即

$$M(F, F')= M = \pm Fd$$

力偶矩是一个代数量，式中符号 "±" 表示力偶的转向，规定力偶使物体逆时针方向转动时力偶矩取正号，顺时针方向转动时力偶矩取负号。

力偶矩单位和力矩单位相同，为 $\text{N}\cdot\text{m}$ 或 $\text{kN}\cdot\text{m}$。

2. 力偶的性质

性质 1：力偶在任一轴上投影的代数和恒等于零，如图 2-3-5 所示，故力偶无合力，即力偶不能与一个力等效，也不能简化为一个力。

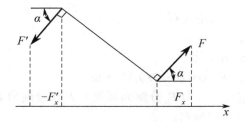

图 2-3-5　力偶的投影

性质 2：力偶对其作用平面内任一点的矩恒等于力偶矩，而与矩心位置无关。

如图 2-3-6 所示，已知力偶$(F，F')$的力偶矩 $M = Fd$。在其作用面内任意取点 O 作为矩心，设点 O 到 F' 的垂直距离为 x，则力偶$(F，F')$对 O 点之矩为

$$M_O(F) + M_O(F') = F(x + d) - F'x = Fd$$

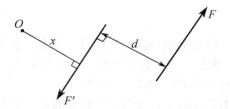

图 2-3-6　力偶矩示例

所以力偶对任一点的矩等于力偶矩，与矩心位置无关。

性质 3：只要保持力偶矩的大小和转向不变，力偶可以在其作用平面内任意移动和转动，且可以任意改变力偶中力的大小和力偶臂的长短，而不改变其对物体的作用效果。

力偶可以用带箭头的弧线表示，如图 2-3-7 所示。

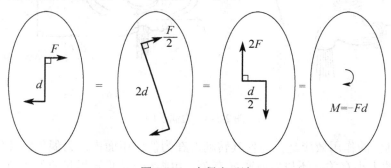

图 2-3-7　力偶表示法

3. 平面力偶系的合成

作用在刚体同一平面内的 n 个力偶称为平面力偶系。平面力偶系合成的结果为一个合力偶，合力偶矩等于力偶系中各力偶矩的代数和，即

$$M = M_1 + M_2 + \cdots + M_n = \sum M_i$$

【例 2-7】如图 2-3-8 所示，物体在同一平面内受到三个力偶的作用。已知 $F_1 = 200\text{N}$，$F_2 = 600\text{N}$，$M = 100\text{N·m}$，求它们的合力偶矩。

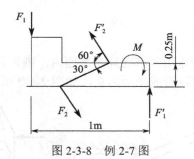

图 2-3-8 例 2-7 图

【解】各分力偶矩为

$$M_1 = F_1 d_1 = 200\text{N} \times 1\text{m} = 200 \text{ N} \cdot \text{m}$$

$$M_2 = F_2 d_2 = 600\text{N} \times \frac{0.25\text{m}}{\sin 30°} = 300\text{N} \cdot \text{m}$$

$$M_3 = -M = -100 \text{ N} \cdot \text{m}$$

合力偶矩为

$$\begin{aligned}
M &= M_1 + M_2 + M_3 \\
&= 200 \text{ N} \cdot \text{m} + 300 \text{ N} \cdot \text{m} - 100 \text{ N} \cdot \text{m} \\
&= 400 \text{ N} \cdot \text{m}
\end{aligned}$$

任务 4 平面任意力系的计算

任务目标

1．理解力的平移定理。
2．会将平面力系向一点简化。
3．会熟练应用平面力系的平衡方程求解平衡问题。
4．培养独立思考的习惯。

任务分析

如图 2-4-1 所示，曲柄连杆机构的受力情况是平面任意力系的工程实例。如何分析和研究平面任意力系中构件的受力呢？

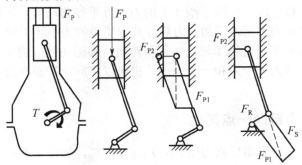

图 2-4-1 曲柄连杆机构

![知识准备]

如果作用于物体上各力的作用线都在同一平面内，则这种力系称为平面力系。工程实际中很多构件所受的力系都可以看成平面力系，如图 2-4-2 所示。

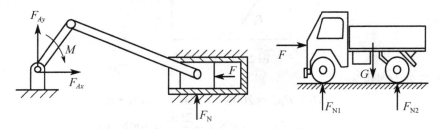

图 2-4-2　平面力系

平面力系的简化问题可以应用依次合成的方法来解决，即可按平行四边形法则，将力系简化为一个合力或一个力偶；或者原力系恰好为平衡力系。但是，当力的数量很多时，这样处理将会非常麻烦，若使用将力系向一点简化的方法就会使问题变得比较简单。

一、力的平移定理

设在刚体上 A 点作用有一力 F，现要将它平行移动到刚体内的任意点 B，而不改变它对刚体的作用效应。为此，可在 B 点加上一对平衡力 F'、F''，如图 2-4-3 所示，并使它们的作用线与力 F 的作用线平行，且 $F=F'=-F''$。

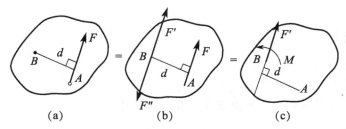

(a)　　　　　(b)　　　　　(c)

图 2-4-3　力的平移定理的证明

根据加减平衡力系公理，三个力与原力 F 对刚体的作用效应相同。力 F、F'' 组成一个力偶，其力偶矩的大小等于原力 F 对 B 点之矩，即 $M = M_B(F) = Fd$。这样就把作用在 A 点的力 F 平行移动至 B 点。

由此可得力的平移定理：作用于刚体上的力可以平行移动到刚体内的任意点，但必须在该力与指定点所决定的平面内附加一力偶，其力偶矩的大小等于原力对该点之矩。

力的平移定理揭示了力对物体产生移动和转动两种运动效应的实质。根据力的平移定理，可以将一个力分解为一个力和一个力偶，也可以将同一平面内的一个力和一个力偶合成为一个力。

二、平面任意力系向一点简化

设在刚体上作用有一平面任意力系 F_1，F_2，…，F_n，如图 2-4-4（a）所示。

力系中各力的作用点分别为 A_1，A_2，…，A_n，在平面内任取一点 O，称为简化中心。

根据力的平移定理将力系中各力的作用线平移至 O 点，得到一汇交于 O 点的平面汇交力系 F_1'，F_2'，$\cdots$，F_n' 和一附加的平面力偶系 $M_1=M_O(F_1)$，$M_2=M_O(F_2)$，$\cdots$，$M_n=M_O(F_n)$，如图 2-4-4（b）所示。

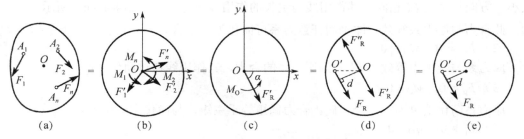

（a）　　　　（b）　　　　（c）　　　　（d）　　　　（e）

图 2-4-4　平面任意力系向一点简化

将平面汇交力系和平面力偶系分别合成，可得到一个力 F_R' 与一个力偶 M_O，即

$$F_R' = \sum F' = \sum F$$
$$M_O = M_1 + M_2 + \cdots + M_n = \sum M_O(F)$$

1. 力系的主矢

平面汇交力系各力的矢量和为

$$\boldsymbol{F}_R' = \boldsymbol{F}_1' + \boldsymbol{F}_2' + \cdots + \boldsymbol{F}_n' = \sum \boldsymbol{F}_i'$$

这称为原力系的主矢，它等于力系中各力的矢量和，作用点在简化中心 O 点，其大小和方向与简化中心位置无关。在平面直角坐标系 Oxy 中，有

$$F_{Rx}' = F_{1x} + F_{2x} + \cdots + F_{nx} = \sum F_x$$
$$F_{Ry}' = F_{1y} + F_{2y} + \cdots + F_{ny} = \sum F_y$$

主矢的大小和方向分别为

$$F_R' = \sqrt{F_{Rx}'^2 + F_{Ry}'^2} = \sqrt{\left(\sum F_x\right)^2 + \left(\sum F_y\right)^2}$$
$$\alpha = \arctan \left| \frac{F_{Ry}}{F_{Rx}} \right| = \arctan \left| \frac{\sum F_y}{\sum F_x} \right|$$

式中，F_{Rx}'、F_{Ry}'、F_x、F_y 分别为主矢 F_R' 与各力在 x、y 轴上的投影。

夹角 α 为 F_R' 与 x 轴所夹的锐角，F_R' 的指向由 $\sum F_x$ 和 $\sum F_y$ 的正负号决定。

2. 力系的主矩

平面力偶系可以合成为一个合力偶，其合力偶矩为

$$M_O = M_1 + M_2 + \cdots + M_n = \sum M_O(F) = \sum M$$

M_O 称为原力系对简化中心 O 点的主矩，等于原力系中各力对简化中心 O 点之矩的代数和。

主矩 M_O 的大小和转向与简化中心的位置有关。

主矢和主矩的共同作用才与原力系等效。

3. 简化结果的讨论

平面任意力系向一点简化，一般可得到一个主矢 F_R' 和一个主矩 M_O，但这不是简化的

最终结果。简化结果通常有以下 4 种情况。

（1）$F'_R \neq 0$，$M_O \neq 0$

根据力的平移定理的逆运算，可将主矢 F'_R 和主矩 M_O 简化为一个合力 F_R。合力 F_R 的大小、方向与主矢 F'_R 相同，其作用线与主矢的作用线平行，如图 2-4-4（e）所示。

此合力与原力系等效，即平面任意力系可简化为一个合力。

（2）$F'_R \neq 0$，$M_O = 0$

原力系与一个力等效，F'_R 即为原力系的合力，其作用线通过简化中心。

（3）$F'_R = 0$，$M_O \neq 0$

原力系简化结果为一个合力偶。合力偶矩等于主矩，与简化中心位置有关。

（4）$F'_R = 0$，$M_O = 0$

物体在此力系作用下处于平衡状态。

三、平面力系的平衡方程及其应用

平面任意力系平衡的充分和必要条件为主矢与主矩同时为零，即

$$F'_R = \sqrt{\left(\sum F_x\right)^2 + \left(\sum F_y\right)^2} = 0$$
$$M_O = \sum M_O(F) = 0$$

故有

$$\sum F_x = 0$$
$$\sum F_y = 0$$
$$\sum M_O(F) = 0$$

上式为平面任意力系平衡方程的基本形式。它表明力系中各力在平面内任选两个坐标轴上的投影的代数和分别等于零，各力对平面内任意一点之矩的代数和也等于零。三个方程是各自独立的，只能求解三个未知量。

【例 2-8】悬挂吊车如图 2-4-5（a）所示，横梁 AB 长 $l=2\text{m}$，自重 $G_1=4\text{kN}$；拉杆 CD 倾斜角 $\alpha=30°$，自重不计；电葫芦连同重物共重 $G_2=20\text{kN}$。电葫芦距离 A 端为 $a=1.5\text{m}$ 时，处于平衡状态。试求拉杆 CD 的拉力和铰链 A 处的约束反力。

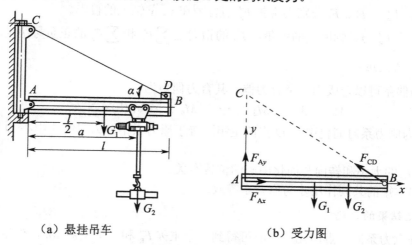

（a）悬挂吊车　　　　　　（b）受力图

图 2-4-5　悬挂吊车及其受力图

【解】

① 选取横梁 AB 为研究对象，画受力图。

作用于横梁 AB 上的主动力有重力 G_1（在横梁中点）、载荷 G_2、拉杆的拉力 F_{CD} 和铰链 A 点的约束力 F_{Ax} 和 F_{Ay}，如图 2-4-5（b）所示。

② 建立直角坐标系 Axy，列平衡方程：

$$\sum Fx = 0, \qquad F_{Ax} - F_{CD}\cos\alpha = 0$$

$$\sum Fy = 0, \qquad F_{Ay} - G_1 - G_2 + F_{CD}\sin\alpha = 0$$

$$\sum M_A(F) = 0, \qquad F_{CD}l\sin\alpha - G_1\frac{1}{2} - G_2 a = 0$$

③ 求解未知量。

将已知条件代入第三个平衡方程式，解得

$$F_{CD} = 34\text{kN}$$

将 F_{CD} 值代入第一个方程式解得

$$F_{Ax} = F_{CD}\cos\alpha = 34\text{kN} \times \cos 30° = 29.44\text{kN}$$

将 F_{CD} 值代入第二个方程式解得

$$F_{Ay} = G_1 + G_2 - F_{CD}\sin\alpha = 7\text{kN}$$

④ 讨论。

若取 B 为矩心，列出力矩方程：

$$\sum M_B(F) = 0, \qquad -F_{Ay}l + G_1\frac{l}{2} + G_1(l - a) = 0$$

代替上述第二个方程式，同样可得到

$$F_{Ay} = 7\text{kN}$$

若再取 C 为矩心，列出力矩方程：

$$\sum M_C(F) = 0, \qquad F_{Ax}l\tan\alpha - G_1\frac{l}{2} - G_2 a = 0$$

代替上述第一个方程式，同样可得到

$$F_{Ax} = 29.44\text{kN}$$

由上面的例题可知，平面任意力系的平衡方程除了基本形式外，还有二力矩式和三力矩式，其形式如下：

$$\sum F_x = 0 \text{ 或} \sum F_y = 0$$

$$\sum M_A(F) = 0$$

$$\sum M_B(F) = 0$$

其中，A、B 两点的连线不能与投影轴 x（或 y）垂直。

$$\sum M_A(F) = 0$$

$$\sum M_B(F) = 0$$

$$\sum M_C(F) = 0$$

其中，A、B、C 三点不能共线。

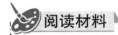

阅读材料

牛顿的小故事

牛顿年幼时，曾一面牵牛上山，一面看书，到家后才发觉手里只有一根绳。他在看书时定时煮鸡蛋，结果将表和鸡蛋一齐煮在了锅里。有一次，他请朋友到家中吃饭，自己却在实验室废寝忘食地工作，再三催促仍不出来。当朋友把一只鸡吃完，留下一堆骨头在盘中走了以后，牛顿才想起这事，可他看到盘中的骨头后又恍然大悟地说："我还以为没有吃饭，原来我早已吃过了"。

除了力学，牛顿在其他方面也有很大贡献。在数学方面，他发现了二项式定理，创立了微积分学；在光学方面，他进行了太阳光的色散实验，证明了白光是由单色光复合而成的，他还发明了反射望远镜（图2-4-6）。

图 2-4-6 艾萨克·牛顿

项目总结

1. 力是物体间相互的机械作用，力对物体的作用效应取决于力的三要素。
2. 静力学公理阐明了力的基本性质。
3. 力矩是力对物体转动效应的度量。
4. 力偶是组成力系的一个要素，它的作用效应取决于力偶矩的大小、转向和力偶作用面的方位。
5. 工程上常见的约束类型有柔性约束、光滑接触面约束、铰链约束和固定端约束。
6. 力的平移定理为力系的简化提供了可靠依据。
7. 平面力系向一点简化，结果可能出现三种情况：合力、力偶、平衡。

思考与练习题

一、填空题

1. 在任何外力作用下，大小和形状保持不变的物体称为_____。

2. 力是物体之间相互的_____。这种作用会使物体产生两种力学效果，分别是_____和_____。

3. 力的三要素是_____、_____、_____。

4. 加减平衡力系公理对物体而言，该物体的_____效果成立。

5. 一刚体受不平行的三个力作用而平衡时，这三个力的作用线必_____。

6. 使物体产生运动或产生运动趋势的力称为_____。

7. 约束反力的方向总是和该约束所能阻碍物体的运动方向_____。

8. 柔体的约束反力是通过_____点，其方向沿着柔体_____线的拉力。

9. 平面汇交力系平衡的必要和充分几何条件是力多边形_____。

10. 平面汇交力系合成的结果是一个_____。合力的大小和方向等于原力系中各力的_____。

11. 力垂直于某轴，力在该轴上的投影为_____。

12. $\sum F_x = 0$ 表示力系中所有的力在_____轴上的投影的_____为零。

13. 力偶对作用平面内任意点之矩都等于_____。

14. 力偶在坐标轴上的投影的代数和_____。

15. 力偶对物体的转动效果的大小用_____表示。

16. 力可以在同一刚体内平移，但需要附加一个_____。力偶矩等于_____对新作用点之矩。

17. 平面一般力系向平面内任意点简化结果有 4 种情况，分别是_____、_____、_____、_____。

18. 力偶的三要素是_____、_____、_____。

二、单选题

1. 研究物体在力的作用下平衡规律的科学是（　　）。
   A. 建筑学　　　　　　　B. 静力学　　　　　　　C. 建筑力学

2. 既有大小又有方向的物理量称为（　　）。
   A. 矢量　　　　　　　　B. 代数量　　　　　　　C. 标量

3. 在任何外力作用下，不发生变形的物体称为（　　）。
   A. 约束　　　　　　　　B. 刚体　　　　　　　　C. 自由体

4. （　　）是物体与物体之间的相互机械作用，这种作用可使物体的运动状态改变或者使物体发生变形。
   A. 力　　　　　　　　　B. 约束　　　　　　　　C. 力系

5. 力的大小、方向、作用线称为（　　）。
   A. 力的等效性　　　　　B. 力的平衡条件　　　　C. 力的三要素

6. 力的三要素中，任何一个要素改变，力对物体的作用效果都（　　）。
   A. 不会改变　　　　　　B. 会改变　　　　　　　C. 不一定

7. 两个力大小相等、方向相反且沿着同一直线分别作用在相互作用的两个不同的物体上，这一定律为（　　）。
   A. 二力平衡公理
   B. 作用力与反作用力公理

C．力的平行四边形法则

8．下图所示平面汇交力系中哪一个合力值最大？（　　　）

A. B. C.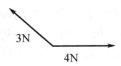

9．图中 AC 和 BC 是绳索，在 C 点加一向下的力 P，当 α 增大时，AC 和 BC 受的力将（　　　）。

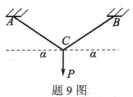

题 9 图

A．增大 B．不变 C．减小

10．各力的作用线都在同一平面内的力系称为（　　　）。

A．平面力系 B．空间力系 C．汇交力系

11．平面汇交力系的平衡条件是该力系的合力一定（　　　）。

A．为一定值 B．等于零 C．不能确定

12．平面汇交力系的平衡条件是（　　　）。

A. $\sum F_x = 0$ B. $\sum F_x = 0$，$\sum F_y = 0$ C. $\sum M = 0$

13．下图中平面汇交力系处于平衡状态，计算 P_1 和 P_2 的值，下面正确的是（　　　）。

A. $P_1 = 8.66\text{kN}$，$P_2 = 8.66\text{kN}$

B. $P_1 = 5\text{ kN}$，$P_2 = 8.66\text{ kN}$

C. $P_1 = 8.66\text{ kN}$，$P_2 = -5\text{ kN}$

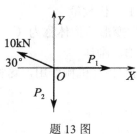

题 13 图

14．平面力偶系的平衡条件是（　　　）。

A. $\sum F_x = 0$ B. $\sum F_x = 0$，$\sum F_y = 0$ C. $\sum M = 0$

15．平面一般力系平衡的充分和必要条件是力系的主矢和主矩必（　　　）。

A．同时为零 B．有一个为零 C．不为零

16．当力系中所有力在两个坐标轴上的投影的代数和分别为零时，则保证刚体（　　　）。

A．不移动 B．既不移动也不转动 C．不转动

17．当力系中各力对所在平面内任一点的力矩的代数和为零时，则保证刚体（　　　）。

A．不移动 　　　　B．既不移动也不转动 　　　　C．不转动

18．桁架中的每个节点都受一个（　　　）的作用。

A．平面汇交力系 　　　　B．平面任意力系 　　　　C．平面平行力系

三、综合题

1．画出下列物体的受力图

（1）画出 AB 杆的受力图。

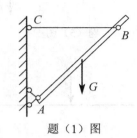

题（1）图

（2）画出 BC 杆的受力图。

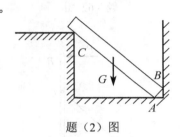

题（2）图

（3）画出梁的受力图。

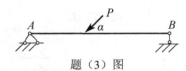

题（3）图

（4）画出 BC 杆的受力图。

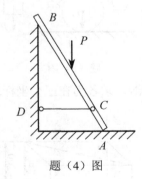

题（4）图

（5）画出三角支架的受力图。

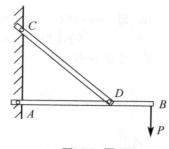

题（5）图

（6）画出梁的受力图。

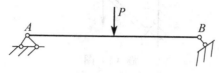

题（6）图

（7）画出 *AB* 杆的受力图。

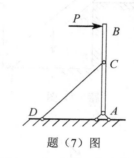

题（7）图

（8）画出圆球的受力图。

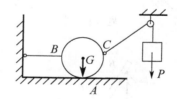

题（8）图

2. 已知图中各力大小均为 50kN，求各力在三个坐标轴上的投影。

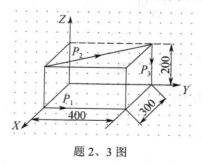

题 2、3 图

3. 求图中各力对三个坐标轴的力矩。

4. 图中 *A*、*B*、*C*、*D* 四点分别作用着集中力，其中 *A*、*C* 两点上的力为 $F = 100\text{N}$，而 *B*、*D* 两点上的力为 $P = 200\text{N}$，求两力偶的力偶矩及合力偶矩。

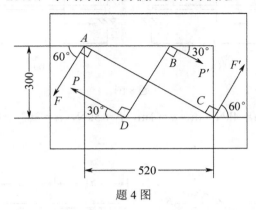

题 4 图

5. 图中立柱受到偏心力 *P* 的作用，偏心距为 $e = 5\text{mm}$，将其向中心线平移后得到一个力和一个力偶矩为 $1000\text{N} \cdot \text{m}$ 的附加力偶，求原力的大小。

6. 图中 $F_1 = 10\text{kN}$，如令 F_1、F_2 的合力沿 *x* 轴的方向，求 F_2 的大小是多少。

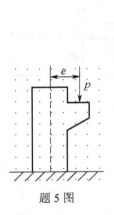

题 5 图

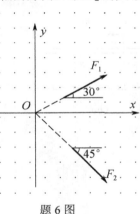

题 6 图

7. 重为 $P = 10\text{kN}$ 的物体放在水平梁的中央，梁的 *A* 端用铰链固定于墙上，另一端用 *BC* 杆支撑，若梁和支撑杆的自重不计，求 *BC* 杆受力及 *A* 处的约束反力。

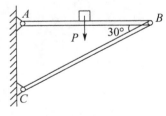

题 7 图

8. 已知梁 *AB* 上作用有一力偶 *M*，其力偶矩为 *m*，梁长为 *L*，求下列两种情况下支座 *A*、*B* 处的约束反力。

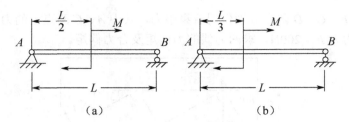

（a）　　　　　　　　（b）

题 8 图

9. 已知 $P = 10\text{kN}$，$m = 4\text{kN} \cdot \text{m}$，$a = 1\text{m}$，$F = 5\text{kN}$，$\alpha = 30°$，$q = 1\text{kN/m}$，求下列各梁的支座反力。

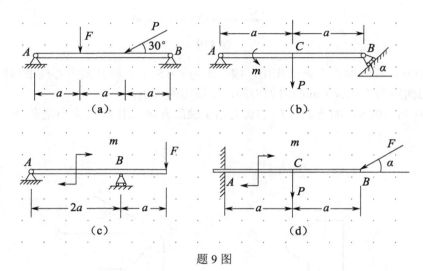

题 9 图

项目 3 机械结构分析

项目目标

1. 掌握组成机构的构件、运动副、运动链及机构的基本概念和联系，掌握运动副的常用类型及特点。

2. 熟练掌握机构运动简图的绘制方法，能够将实际机构或机构的结构图绘制成机构运动简图，能看懂各种复杂机构的运动简图。

3. 掌握平面机构自由度的计算公式，能正确识别出机构中存在的复合铰链、局部自由度和虚约束，并做出正确处理。

4. 培养分析问题、解决问题的能力，以及独立思考和动手能力。

项目描述

机械结构分析的目的是了解各种机构的组成及其对运动的影响。机构的结构公式（即机构自由度公式），是判定机构运动可能性和确定性的依据。最早的结构公式是 1869 年俄国人切比雪夫提出的平面运动链结构公式。公共约束反映机构中构件和运动副的特定几何配置所产生的作用。它的引入为精确地建立各种结构公式提供了必要的条件。此外，虚约束、局部自由度、非几何条件引起的约束等都会影响机构自由度的计算。1916 年，俄国人阿苏尔根据机构构成特征提出按族、级、类和阶进行机构分类。他还提出：机构是由不可分拆、自由度为零的构件和运动副组成的杆组依次接到原动件和机架上形成的。阿苏尔杆组的概念至今仍广为应用。

掌握机械结构分析的方法对于合理使用机器、验证机械设计是否完善等是必不可少的，所以结构分析也是机构综合的基础。

任务 1 认识机构的组成

任务目标

1. 理解构件、运动副的概念。

2. 掌握运动副的常用类型及特点。

3. 能识别常用构件及运动副的简图符号。

任务分析

如图 3-1-1 所示为送料机构，为了对该机构进行运动分析，需要先判断各构件之间的运动副类型，请问何处存在低副、高副？

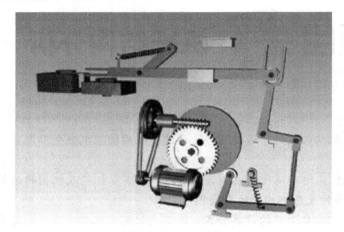

图 3-1-1　送料机构

思考

1. 什么是运动副？平面高副与平面低副各有何特点？
2. 什么是机构？机构具有确定运动的条件是什么？
3. 什么是自由度？自由度跟约束是什么关系？

知识准备

机器是由一个或多个机构组成的，而机构则是由构件和运动副组成的。

一、构件

构件是组成机械的各个相对运动的实物（图 3-1-2）。

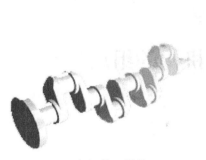
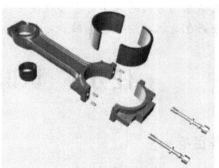

（a）单一零件　　　　　　（b）多个零件的刚性组合（连杆）

图 3-1-2　构件

零件是机械中不可拆的制造单元体。

任何机械都是由许多零件组成的。零件是加工制造的基本单元体。有时，由于结构和工艺上的需要，往往把几个零件刚性地连接在一起运动，即它们构成一个独立运动的单元体，这个单元体称为构件。构件可能是一个零件，也可能是若干个刚性连接在一起的零件组成的一个运动整体。

注意： 构件是机械中运动的单元体，零件是机械中制造的单元体。

零件可分为以下两类。

1. 通用零件

例如：齿轮、链传动、带传动、蜗杆传动、螺旋传动，轴、联轴器、离合器、滚动轴承、滑动轴承、螺栓、键、花键、销，铆、焊、铰结构件，弹簧、机架、箱体等（图 3-1-3）。

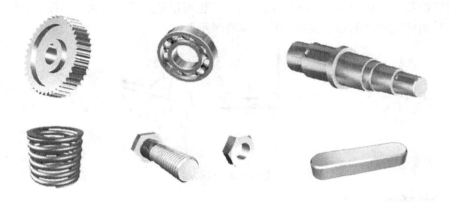

图 3-1-3　各类通用零件

2. 专用零件

例如：叶片、犁铧、枪栓等（图 3-1-4）。

 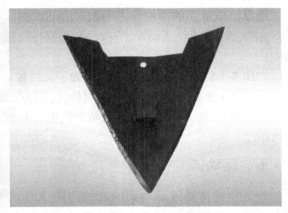

（a）叶片　　　　　　　　　　　　　　（b）犁铧

图 3-1-4　各类专用零件

部件是若干个零件的装配体。

二、自由度与约束

在平面内做自由运动的构件具有三个独立的相对运动，在空间做自由运动的构件具有六个独立的相对运动。构件的这种独立运动数目称为自由度。当两构件通过某种方式连接后，它们因直接接触而使某些独立运动受到限制，其自由度将减少。这种对独立运动的限制称为约束。构件的约束数目等于其减少的自由度。

三、运动副

机构中的各个构件是以一定方式连接起来的，而且各构件间应有确定的相对运动。这种两构件直接接触，又能产生一定相对运动的连接称为运动副。构件之间的接触形式，可以是平面或圆柱面接触，如图 3-1-5（a）、（b）所示；也可以是点或线接触，如图 3-1-5（c）、（d）所示。这种组成运动副的点、线或面称为运动副元素。

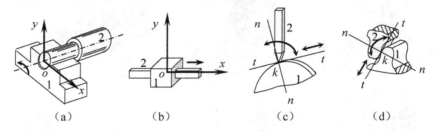

| （a） | （b） | （c） | （d） |

图 3-1-5　运动副

四、运动副的类型

两构件组成运动副后，它们之间具有哪些相对运动，是由该运动副对这两构件的相对运动所加的限制条件来决定的。通常运动副可根据运动副元素来分类。两构件间为面接触的运动副称为低副。

根据组成低副的两构件之间相对运动性质，又可分为转动副和移动副。

如图 3-1-5（a）所示，两构件间为圆柱面接触，它们之间的相对运动为转动，称为转动副。

如图 3-1-5（b）所示，两构件间为平面接触，它们之间的相对运动为移动，称为移动副。

如图 3-1-5（c）、（d）所示，两构件间为点或线接触的运动副称为高副。

在平面运动副中，低副存在两个约束，具有一个自由度；高副存在一个约束，具有两个自由度。

五、运动链

若干个构件通过运动副的连接而构成的系统称为运动链。如果组成运动链的每个构件上至少包含两个运动副，则必组成一个首末封闭的系统，该系统称为闭式运动链，简称闭链，如图 3-1-6 所示。各种机械中，采用较多的为闭链。如果运动链中有的构件上只包含一个运动副，它们不能组成一个封闭系统，则称为开式运动链，简称开链，如图 3-1-7 所示。

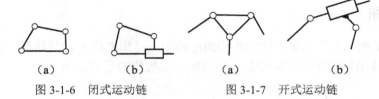

|（a）| （b）| （a）| （b）|

图 3-1-6 闭式运动链　　　图 3-1-7 开式运动链

六、机构

构件与运动副组合成机构。

在运动链中，若把某一构件固定，该构件就称为机架。

一般情况下，机械是安装在地面上的，那么机架相对于地面是固定不动的；如果机械安装在汽车、轮船、飞机等运动物体上，那么机架相对于该运动物体是固定不动的。

在机构中除机架外，如果使运动链中一个或几个构件以确定的运动规律运动，那么其余构件都能得到确定的相对运动。机构中，按已知运动规律运动的构件称为主动件，通常主动件也是驱动力作用的构件即原动件，其余活动构件称为从动件或从动件系统。具备机架、原动件和从动件系统的运动链便称为机构。

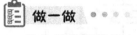任务实施

做一做 ••••

1．机构的定义是什么？

_____

2．什么叫运动副？常见的运动副类型有哪些？各有什么特点？

_____

3．分析图 3-1-1 中的送料机构，为了对该机构进行运动分析，需要先判断各构件之间的运动副类型，请问何处存在低副、高副？

_____

_____

 # 任务 2　绘制平面机构的运动简图

任务目标

1．熟练掌握机构运动简图的绘制方法。
2．能够将实际机构或机构的结构图绘制成机构运动简图。
3．能看懂各种复杂机构的运动简图。
4．培养独立思考的习惯。

任务分析

如图 3-2-1 所示为牛头刨床驱动机构的结构图。已知滑枕 6 的导轨高、大齿轮 2 的中心高、滑块销 3 的回转半径，试绘制牛头刨床驱动机构的运动简图。

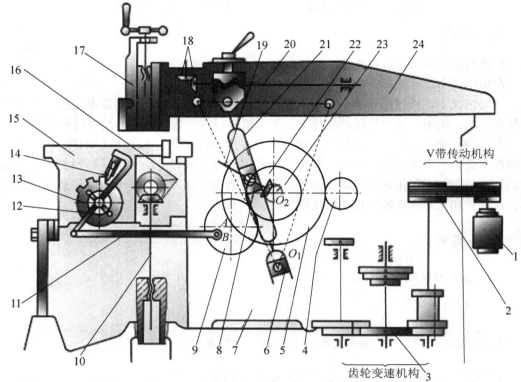

1—电动机；2—V 带传动机构；3—齿轮变速机构；4、5—齿轮；6—滑枕；7—床身；
8—滑块；9—齿轮；10—丝杆；11—连杆；12—摇杆；13—棘轮；14—棘爪；15—工作台；
16—圆锥齿轮传动；17—刀架；18—圆锥齿轮传动；19—主导轴；20—丝杆；
21—导槽；22—齿轮；23—圆锥齿轮传动；24—滑枕

图 3-2-1　牛头刨床驱动机构的结构图

思考

分析思路：
（1）机构结构分析——通过分析来巩固上一节内容。
（2）运动副类型分析——通过分析来巩固上一节内容。
（3）机构运动简图绘制——通过本节内容的学习来完成。

知识准备

一、平面机构运动简图

定义：用简单的线条和符号来表示构件和运动副，并按比例确定各运动副的位置。这种说明机构各机件间相对运动关系的简单图形称为机构运动简图。

构件的表示方法：常用线条、块、圆或示意性轮廓表示。

运动副的表示方法：运动副须用规定的符号表示。

常用构件和运动副的表达见表 3-2-1。

表 3-2-1 常用构件和运动副的表达

名　称		简 图 符 号	名　称		简 图 符 号
构件	轴、杆		机架		
	三幅元素构件		机架	机架是转动副的一部分	
	构件的永久连接			机架是移动副的一部分	
平面低副	转动副		平面高副	齿轮副	外啮合 内啮合
	移动副			凸轮副	

二、机构运动简图的画法

绘制一台机器的机构运动简图，往往需要反复实践，为便于掌握绘制机构运动简图的技巧，可参照下列方法和步骤进行。

（1）启动机器，仔细观察机器的运动，分析其运动原理，认清机架、主动件和从动件。

（2）从主动件开始，按照运动传递的顺序，仔细观察各相邻构件之间的相对运动性质，从而确定运动副的类型和数目。

（3）合理选择视图平面，目的是通过机构运动简图把机构运动特征表达清楚。一般选多数构件所在平面作为视图平面。对平面机构，应选择与各构件的运动平面相平行的平面作为视图平面。

（4）适当选择比例尺。为了能用机构运动简图对机构进行结构、运动和动力分析，必须把机构中与运动有关的尺寸按比例绘制出来。长度比例尺 μ_l 定义为

$$\mu_l = \frac{实际尺寸（m）}{图上长度（mm）}$$

即确定机构运动简图上每毫米长线段所代表的实际长度的米数。按机构实际尺寸及图纸大小确定 μ_l，注明在图纸上。然后把在实际机构上量出的各运动副之间的相对位置尺寸，按长度比例尺换算成简图上的尺寸，再按传递运动的顺序用运动副和构件的表示符号画出

整个机构的运动简图。

【例 3-1】绘制图 3-2-2（a）所示冲床机构的运动简图。

【解】该冲床的工作原理是电动机带动偏心轮 2 做顺时针转动，通过构件 3、4、5 带动冲头 6 做上下往复移动，从而完成冲压工艺动作。

该机构由机架 1、主动件 2、从动件 3～6 组成，共六个构件。其中构件 1、2，构件 2、3，构件 3、4，构件 1、4，构件 3、5，构件 5、6 均构成转动副；仅构件 1、6 构成移动副。

测量机构的几何尺寸，选取长度比例尺 μ_1。测定 l_{O_1A}、l_{AB}、l_{O_2B}、l_{BC}、l_{CD}、a、b、$l_{O_1O_2}$ 并换算成图上尺寸，选定构件 2 的某一位置 φ_2 作为绘制简图的位置，从主动件 2 开始依次画出整个冲床机构的运动简图，如图 3-2-2（b）所示。

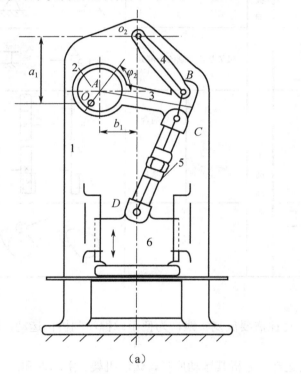
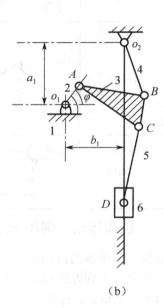

（a） （b）

图 3-2-2　冲床机构及其运动简图

三、绘制平面机构运动简图时应注意的问题

（1）忽略构件外形，主要表达运动副关系。

（2）视图平面一般选择为构件的运动平面。

（3）同一构件上的不同零件尽可能用同一数码标注。

任务实施

绘制图 3-2-1 所示牛头刨床驱动机构的运动简图。

任务 3　平面机构的自由度计算

任务目标

1．熟练掌握平面机构自由度的计算方法。
2．会判断机构是否具有确定的相对运动。
3．能分析实际案例中的机构运动简图，并计算其自由度。
4．培养独立思考的习惯。

任务分析

如图 3-3-1 所示为牛头刨床驱动机构的结构图。已知滑枕 6 的导轨高、大齿轮 2 的中心高、滑块销 3 的回转半径，试绘制牛头刨床驱动机构的运动简图，并判断该机构是否具有确定的相对运动。

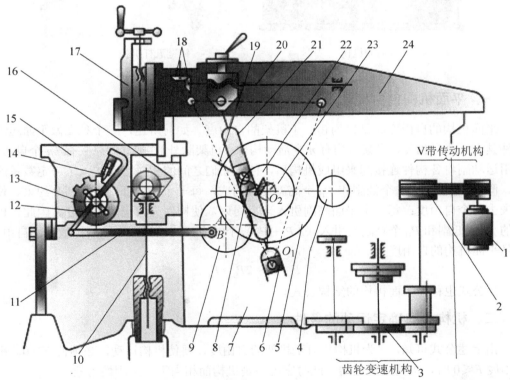

1—电动机；2—V 带传动机构；3—齿轮变速机构；4、5—齿轮；6—滑枕；7—床身；
8—滑块；9—齿轮；10—丝杆；11—连杆；12—摇杆；13—棘轮；14—棘爪；15—工作台；
16—圆锥齿轮传动；17—刀架；18—圆锥齿轮传动；19—主导轴；20—丝杆；
21—导槽；22—齿轮；23—圆锥齿轮传动；24—滑枕

图 3-3-1　牛头刨床驱动机构的结构图

思考

分析思路:

(1)机构结构分析——上节已完成。

(2)运动副类型分析——上节已完成。

(3)机构运动简图绘制——上节已完成。

(4)机构运动确定性判断——通过本节内容的学习来完成。

知识准备

机构自由度是指机构相对于机架所具有的独立运动的数目（图3-3-2）。

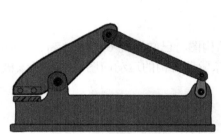

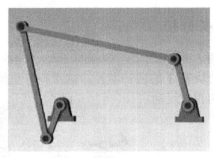

剪刀机构　　　　　　　　　　　　铰链五杆机构

图3-3-2　机构自由度

一、平面机构自由度计算公式

平面机构的自由度就是机构相对于机架的自由度。如前所述，一个独立做平面运动的构件具有三个自由度，设某机构有 n 个活动构件（机架除外），则它们总共有 $3n$ 个自由度。当用运动副将各构件连接起来组成机构后，便给它们之间的相对运动加入了一定数量的约束。假设该机构由 P_L 个低副和 P_H 个高副连接而成，每一个平面低副引入两个约束，使构件失去两个自由度；每一个平面高副引入一个约束，使构件失去一个自由度。因此，机构中的 P_L 个低副和 P_H 个高副共引入（$2P_L + P_H$）个约束，使机构减少了同样数目的自由度。于是平面机构的自由度为

$$F = 3n - 2P_L - P_H$$

该公式也称为平面机构的结构公式。

二、机构具有确定运动的条件

由上述公式可知，F 为机构相对于机架的自由度，要使机构运动，必须使 $F>0$。机构自由度 $F \leqslant 0$ 时，机构不能运动。此时它已不是机构而相当于一个刚性桁架。

如前所述，机构中按给定运动规律独立运动的构件为原动件。通常，原动件是与机架相连的，且与机架组成转动副或移动副。一个原动件仅具有一个独立运动的参数，如与机架构成转动副的原动件，只能按一个独立运动的运动规律而回转。所以，在此情况下，为了使机构具有确定的运动，机构的原动件数目应等于机构的自由度，这就是机构具有确定运动的条件。保证一个自由度的机构具有确定运动，只要给出一个原动件。对于两个自由

度的机构，须给出两个原动件，机构才有确定运动，依此类推。

三、计算机构自由度时的注意事项

在应用平面机构自由度计算公式时，要注意以下一些特殊情况。

1. 复合铰链

两个以上构件在同一处以转动副相连接，就构成了复合铰链。如图 3-3-3（a）所示，三个构件在一起以转动副相连接而构成复合铰链。从图 3-3-3（b）可以看出，这三个构件组成两个转动副。同理，若有 m 个构件组成复合铰链，实际构成的转动副为 $(m-1)$ 个。所以，在计算机构自由度时应注意复合铰链中转动副数目的计算。在多个构件组成的转动副中，有机架、杆件、滑块或齿轮等构件时，应仔细查看，对图 3-3-4 所示的几种情况要特别注意。

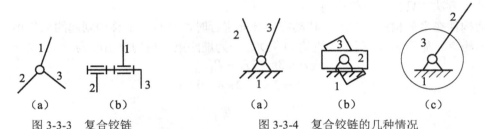

图 3-3-3　复合铰链　　　　　　　图 3-3-4　复合铰链的几种情况

2. 局部自由度

机构中某构件具有的与整个机构运动无关的自由度称为局部自由度。在计算机构自由度时应将局部自由度除去不计。如图 3-3-5（a）所示的滚子直动从动件盘状凸轮机构中，$n = 3$，$P_L = 3$，$P_H = 1$，其自由度为

$$F = 3n - 2P_L - P_H = 3×3 - 2×3 - 1 = 2$$

由图 3-3-5（a）可见，滚子 2 绕其自身轴线的转动并不影响凸轮 1 和从动件 3 的运动，这就是一个局部自由度，计算该机构自由度时应将其除去不计。此时相当于将滚子 2 与从动件 3 固接成一个构件，如图 3-3-5（b）所示。显然，此时有 $n = 2$，$P_L = 2$，$P_H = 1$，则机构的自由度为 $F = 3n - 2P_L - P_H = 3×2 - 2×2 - 1 = 1$。但是，从工程实际出发，为了改善从动件和凸轮的受力情况，这种滚子的转动往往是必不可少的。

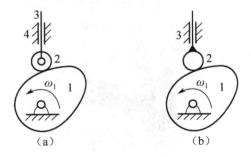

图 3-3-5　局部自由度

3. 虚约束——重复限制机构运动的约束

（1）虚约束之一：轨迹重合。

处理方法：解除虚约束构件及其运动副，如图 3-3-6 所示。

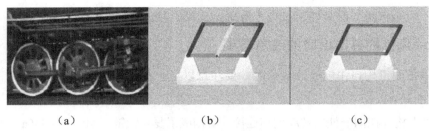

（a） （b） （c）

图 3-3-6 机车车轮联动机构

图 3-3-6（b）：$F = 3n - 2P_L - P_H = 3 \times 4 - 2 \times 6 - 0 = 0$

图 3-3-6（c）：$F = 3n - 2P_L - P_H = 3 \times 3 - 2 \times 4 - 0 = 1$

（2）虚约束之二：移动副导路平行。

处理方法：只计一处移动副。

两构件在多处构成移动副且移动方向彼此平行时，只有一个移动副起约束作用，其余都是虚约束。如图 3-3-7 所示，机构 D、D' 之一为虚约束。机构自由度为

$$F = 3n - 2P_L - P_H$$
$$= 3 \times 3 - 2 \times 4 - 0 = 1$$

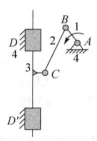

图 3-3-7 移动副导路平行

（3）虚约束之三：转动副轴线重合。

处理方法：只计一处转动副。

两构件有多处接触而构成转动副且转动轴线相互重合时，只有一个转动副起约束作用。如图 3-3-8 所示，曲轴的两转动副 A、B 之一为虚约束。机构自由度为

$$F = 3n - 2P_L - P_H$$
$$= 3 \times 1 - 2 \times 1 - 0 = 1$$

图 3-3-8 转动副轴线重合

（4）虚约束之四：对称部分。

处理方法：机构中对传递运动不起独立作用的对称部分，只计一部分。如图 3-3-9 所示，行星轮系中的行星 2'、2"为虚约束，去掉后的机构自由度为

$$F = 3n - 2P_L - P_H = 3 \times 3 - 2 \times 3 - 1 = 1$$

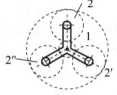

图 3-3-9　行星轮系

虚约束小结：

- 虚约束是在一定的几何条件下出现的。
- 虚约束的作用是改善构件受力状态或增大其刚性。
- 应用虚约束时，要保证设计和加工中的几何精度，否则就会变成实约束。

【例 3-2】计算图 3-3-10 所示机构的自由度，并判断机构运动是否确定。

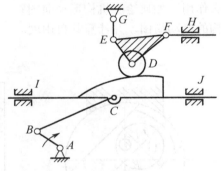

图 3-3-10　例 3-2 图

【解】D 处滚子为局部自由度，E、F 处为复合铰链，I、J 之一为虚约束。

$$F = 3n - 2P_L - P_H$$
$$= 3 \times 6 - 2 \times 8 - 1 = 1$$

因为 $F = W = 1$，所以该机构运动是确定的。

项目总结

1．机器是由一个或多个机构组成的，而机构则是由构件和运动副组成的。

2．构件是组成机械的各个相对运动的实物，零件是机械中不可拆的制造单元体。

3．运动副限制了两个构件间的某些独立运动的可能性，这种限制就称为约束。

4．机构中的各个构件是以一定方式连接起来的，而且各构件间应有确定的相对运动。这种两构件直接接触，又能产生一定相对运动的连接称为运动副。

5．用简单的线条和符号来表示构件和运动副，并按比例定出各运动副的位置。这种说明机构各机件间相对运动关系的简单图形称为机构运动简图。

思考与练习题

1．两构件通过点或线接触而构成的运动副为_____，它引入_____个约束。两构件通过面接触而构成的运动副为_____，它引入____个约束。

2．根据平面机构组成原理，任何机构都可看成由_____加_____和_____组成。

3．机构中相对静止的构件称为_____，机构中按给定运动规律运动的构件称为_____。

4．机构中只有一个_____。

　　A．原动件　　　　　B．从动件　　　　　C．机架

5．有两个平面机构的自由度都等于1，现用一个有两铰链的运动构件将它们串成一个平面机构，这时其自由度等于_____。

　　A．1　　　　　　　B．0　　　　　　　C．2

6．机构自由度的计算公式是什么？在实际计算中要注意哪些问题？

7．机构具有确定运动的条件是什么？什么是运动副？平面高副与平面低副各有何特点？

8．机构运动简图有什么作用？如何绘制机构运动简图？

9．绘制图中所示各机构的运动简图，并计算其自由度。

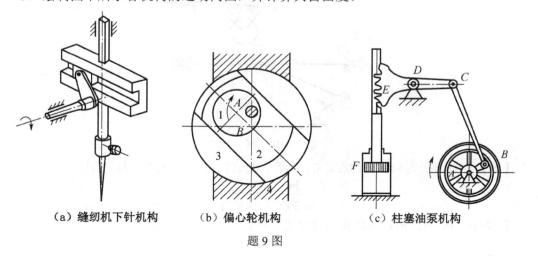

（a）缝纫机下针机构　　　（b）偏心轮机构　　　（c）柱塞油泵机构

题9图

项目 **4** 分析常用机构

项目目标

1. 了解平面连杆机构、凸轮机构、螺旋机构及间歇机构的组成及应用。
2. 掌握平面连杆机构、凸轮机构、螺旋机构及间歇机构的工作原理及性质。
3. 能根据要求正确设计平面四杆机构和凸轮机构。
4. 培养分析问题、解决问题的能力，以及独立思考和动手能力。

项目描述

　　搅拌器是如何搅拌食物的？港口起重机是如何将重物提起和放下的？铲土机的铲斗在移动的过程中又是如何防止泥土流出来的？答案就是它们都采用了平面连杆机构。那么什么是平面连杆机构呢？它有哪些作用？具有哪些工作特性？怎样设计一个平面连杆机构呢？

　　家用饮水机水龙头的位置采用了什么机构？汽车发动机的配气机构采用的又是什么机构？

　　当转动台虎钳的手柄时，活动钳口就可以移动，这是为什么？

　　棘轮机构、槽轮机构、不完全齿轮机构属于间歇机构，它们的工作原理是什么？

任务 1　平面连杆机构的分析与设计

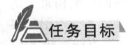

任务目标

1. 知识目标
（1）了解平面连杆机构的特点及其实际应用。
（2）掌握平面四杆机构的基本类型。
（3）掌握平面四杆机构的基本性质。

2. 能力目标
能根据要求正确设计平面四杆机构。

3. 素质目标
（1）培养独立思考和动手操作的习惯。
（2）培养自主学习的能力。
（3）培养分析问题和解决问题的能力。

✎ **任务分析**

搅拌器、港口起重机、铲土机的铲斗、卡车的自动卸货装置、电风扇的摇头装置、缝纫机脚踏驱动机构都采用了平面连杆机构，用来进行动力的传递和运动方式的转换。

📋 **试一试** ••••••

1. 驱动缝纫机脚踏驱动机构，如图4-1-1所示，观察脚踏驱动机构的运动，想一想该机构是如何将踏板的摆动转化为曲轴的转动的。当驱动机构出现无法运转的问题时如何解决？

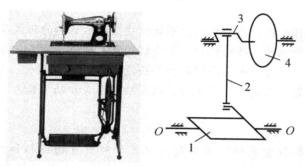

1—脚踏板；2—连杆；3—曲轴；4—带轮

图4-1-1　缝纫机脚踏驱动机构

2. 铰链四杆机构分为哪三种类型？哪种铰链四杆机构具有急回特性和死点位置？这两个性质与主动件的选取有关吗？

3. 如图4-1-2所示的对心曲柄滑块机构是否具有急回特性？为什么？

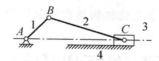

图4-1-2　对心曲柄滑块机构

4. 如图4-1-3所示为铸造造型机砂箱翻转机构，它应用一个铰链四杆机构来实现翻台的两个工作位置。当翻台（连杆BC）在震实台上造型震实时，希望其处于图示实线B_1C_1位置；而当需要起模时，希望翻台能翻转180°到达图示托台上方的虚线B_2C_2位置，以便托台上升接触砂箱起模。假设已知连杆的长度l_{BC}，B_1C_1、B_2C_2在坐标系xy中的坐标，并要求固定铰链中心A、D位于x轴上。试利用图解法设计此铰链四杆机构。

要求： 写出设计步骤并绘制出此机构（保留作图过程）。

提示： 学生可以个人或小组合作的形式完成任务，教师可以在评价总结前要求学生上台汇报结果，便于学生相互学习，也可以锻炼学生的语言表达能力。

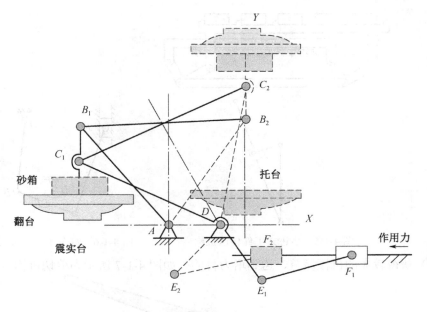

图 4-1-3　铸造造型机砂箱翻转机构

🍎 **知识准备**

一、平面连杆机构的定义

所有构件间的相对运动均为平面运动，且只用低副连接的机构称为平面连杆机构。

二、平面连杆机构的作用

（1）实现有轨迹、位置或运动规律要求的运动。如图 4-1-4 所示为圆轨迹复制机构。

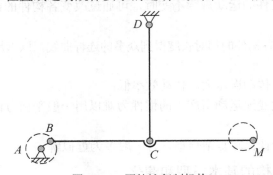

图 4-1-4　圆轨迹复制机构

（2）实现从动件运动形式及运动特性的改变。如图 4-1-5 所示为步进式工件传送机构。

（3）实现较远距离的传动，如自行车的手闸、锻压机械中的离合器控制。

（4）调节、扩大从动件行程。如图 4-1-6 所示为汽车用空气泵机构。

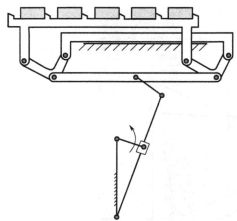

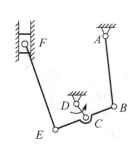

图 4-1-5　步进式工件传送机构　　　图 4-1-6　汽车用空气泵机构

（5）获得较大的机械增益，达到增力目的。如图 4-1-7 所示为剪切机构。

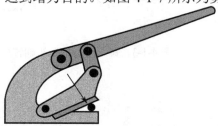

图 4-1-7　剪切机构

三、平面连杆机构的特点与缺点

特点：

（1）机构中的运动副一般均为低副；

（2）当机构中原动件的运动规律不变时，可通过改变各构件的相对长度使从动件得到不同的运动规律；

（3）可以通过改变各构件的相对长度得到众多的连杆曲线，以满足不同的轨迹设计要求。

缺点：

（1）传动路程长，传动误差大，传动效率低；

（2）连杆或滑块做变速运动所产生的惯性力难以用一般平衡方法消除，因而连杆机构不宜用于高速传动；

（2）连杆机构的设计比较复杂烦琐，且一般多为近似解。

四、平面四杆机构的基本类型和演化

1. 平面四杆机构的基本类型

在平面连杆机构中，结构最简单且应用最广泛的是由 4 个构件所组成的平面四杆机构。在平面四杆机构中最基本的是铰链四杆机构，即所有运动副均为转动副的四杆机构。它可以演化成其他形式的四杆机构。

根据连架杆运动形式的不同，可将铰链四杆机构分为曲柄摇杆机构、双曲柄机构、双摇杆机构三种基本类型，见表 4-1-1。

表 4-1-1　铰链四杆机构的三种基本类型

名　称	定　义	结 构 简 图	应　用
曲柄摇杆机构	在铰链四杆机构中，如果两个连架杆中一个为曲柄，另一个为摇杆，则这种机构称为曲柄摇杆机构	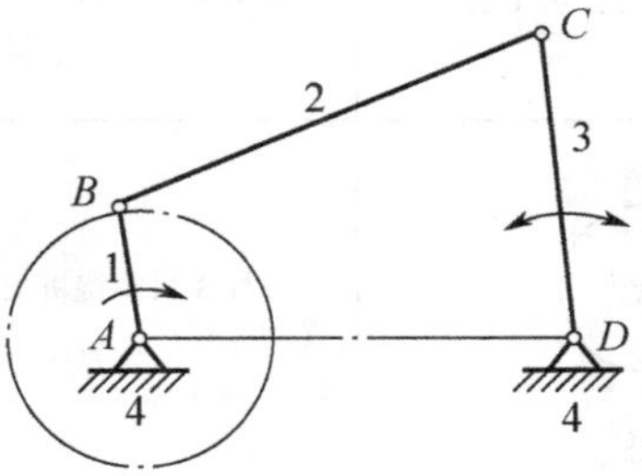	搅拌器机构 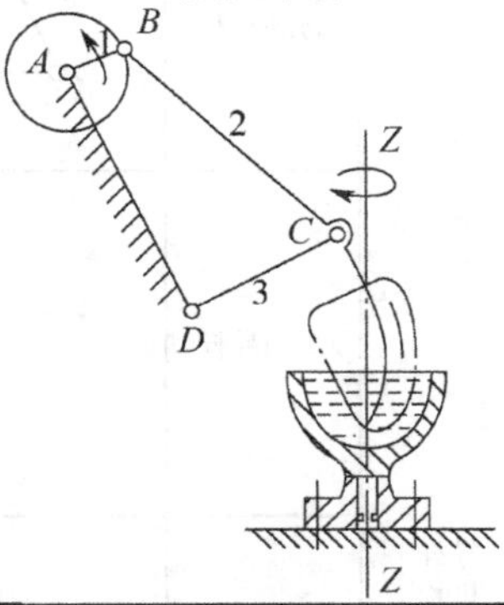
双曲柄机构	在铰链四杆机构中，若两个连架杆均为曲柄，则该机构称为双曲柄机构	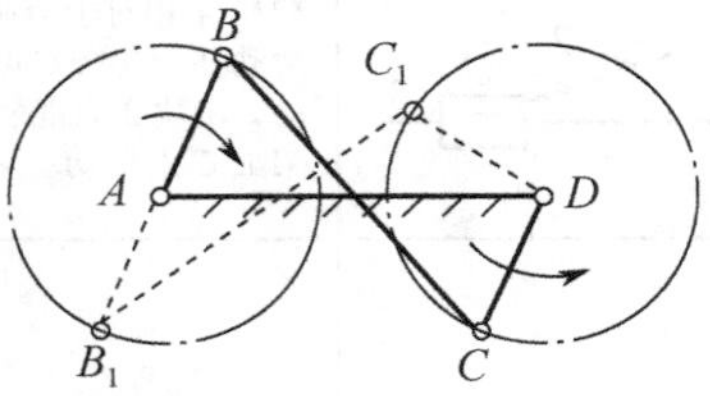	公交车车门启闭机构 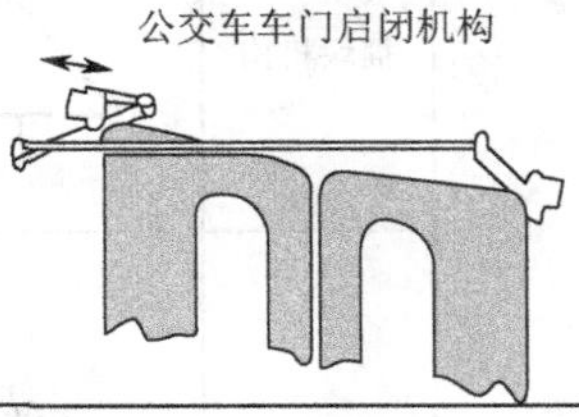
双摇杆机构	在铰链四杆机构中，如果两个连架杆均为摇杆，则这种机构称为双摇杆机构	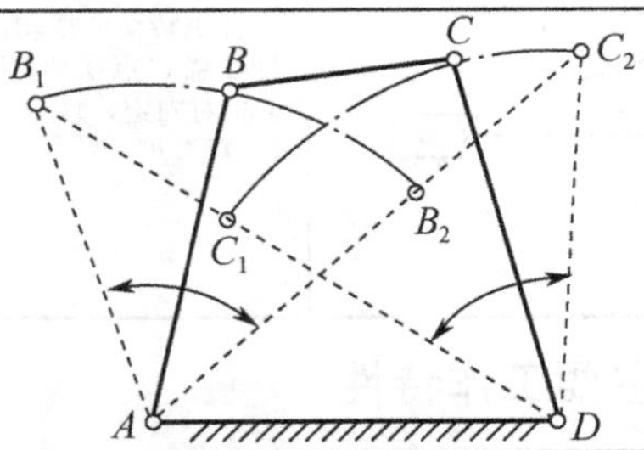	汽车前轮转向机构 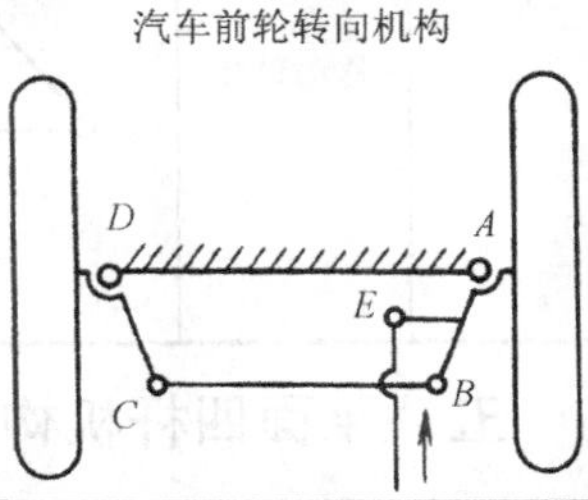

2．平面四杆机构的演化

通过用移动副取代转动副、变更杆件长度、变更机架和扩大转动副等途径，可以得到铰链四杆机构的其他演化形式。平面四杆机构的演化，不仅是为了满足运动方面的要求，往往还是为了改善受力状况及满足结构设计上的需要。铰链四杆机构的常见演化形式见表 4-1-2。

表 4-1-2　铰链四杆机构的常见演化形式

演 化 形 式	机 构 简 图	运 动 特 点	应 用 示 例
曲柄滑块机构	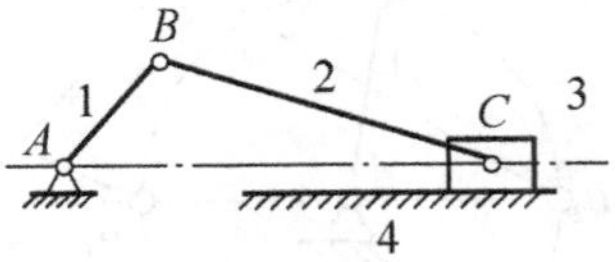	曲柄 AB 转动，通过连杆 BC 带动滑块 C 往复移动。也可将滑块 C 的移动转化为曲柄 AB 的整周转动	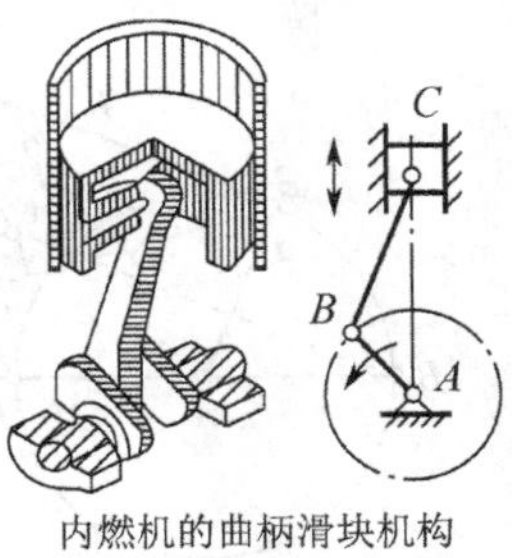 内燃机的曲柄滑块机构

续表

演化形式		机构简图	运动特点	应用示例
导杆机构	转动导杆		杆2与导杆4均能绕机架做连续转动	切削　回程 冲程
	摆动导杆		导杆3只能绕机架摆动	滑枕 牛头刨床滑枕机构
	摇块机构		杆1转动或摆动,导杆4相对于滑块3滑动并一起绕C点摆动。滑块3只能绕机架上C点摆动	自卸汽车卸料机构
	移动导杆		杆1转动或摆动,杆2绕C点摆动,杆4相对固定,块3做往复移动	抽水筒

五、平面四杆机构的主要工作特性

1.转动副为整转副的充分必要条件

机构中具有整转副的构件是关键构件,因为只有这种构件才有可能用电动机等连续转动的装置来驱动。若具有整转副的构件是与机架铰接的连架杆,则该构件即为曲柄。下面以图4-1-8所示的四杆机构为例,说明转动副为整转副的条件。

设 $l_1 < l_4$,构件 AB 为曲柄,则转动副 A 应为整转副,为此 AB 杆应能占据整周中的任何位置,则 AB 必与 AD 两次共线,如图4-1-9所示。

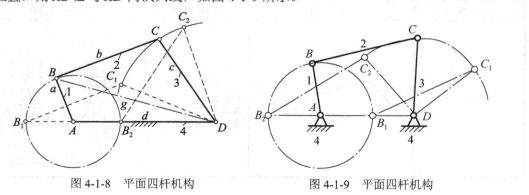

图4-1-8　平面四杆机构　　　　　图4-1-9　平面四杆机构

由 $\triangle B_2C_2D$ 可得：$l_1+l_4 \leqslant l_2+l_3$

由 $\triangle B_1C_1D$ 可得：$l_3 \leqslant (l_4-l_1)+l_2 \rightarrow l_1+l_3 \leqslant l_2+l_4$

$l_2 \leqslant (l_4-l_1)+l_3 \rightarrow l_1+l_2 \leqslant l_3+l_4$

因此 $l_1 \leqslant l_2$，$l_1 \leqslant l_3$，$l_1 \leqslant l$，AB 为最短杆。

若 $l_1 > l_4$，如图 4-1-10 所示。

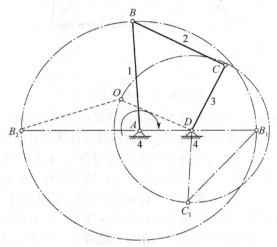

图 4-1-10 平面四杆机构

由 $\triangle B_2C_2D$ 可得：$l_1+l_4 \leqslant l_2+l_3$

由 $\triangle B_1C_1D$ 可得：$l_3 \leqslant (l_1-l_4)+l_2 \rightarrow l_3+l_4 \leqslant l_1+l_2$

$l_2 \leqslant (l_1-l_4)+l_3 \rightarrow l_2+l_4 \leqslant l_1+l_3$

因此 $l_4 \leqslant l_1$，$l_4 \leqslant l_2$，$l_4 \leqslant l_3$，AD 为最短杆。

由此可以得出铰链四杆机构曲柄存在的条件如下：

（1）连架杆和机架中必有一杆是最短杆；

（2）最短杆与最长杆长度之和小于或等于其他两杆长度之和。

注意：上述两个条件必须同时满足，否则不存在曲柄。

根据曲柄存在的条件，按机架取法的不同则有以下三种基本类型的机构。

（1）取最短杆的相邻杆为机架，则机构为曲柄摇杆机构。

（2）取最短杆为机架，则机构为双曲柄机构。

（3）取最短杆的对边杆为机架，则机构为双摇杆机构。

若最短杆与最长杆长度之和大于其他两杆长度之和，则无论取何杆作为机架均为双摇杆机构。

2．急回特性

对于图 4-1-11 所示的曲柄摇杆机构，在主动曲柄 AB 等速转动一周的过程中，曲柄 AB 两次与连杆 BC 共线，此时从动摇杆 CD 分别位于两极限位置 C_1D 和 C_2D。处于两极限位置时，曲柄相应的两个位置所夹的锐角称为极位夹角，用 θ 表示。

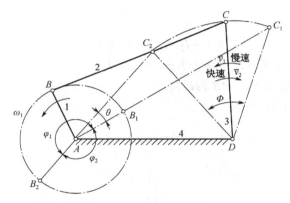

图 4-1-11　曲柄摇杆机构

当曲柄由 AB_1 位置顺时针转到 AB_2 位置时，转过的角度为 $180°+\theta$，摇杆由 C_1D 摆至 C_2D 所需时间为 t_1，C 点的平均速度为 v_1。当曲柄顺时针从 AB_2 位置转到 AB_1 位置时，转过的角度为 $180°-\theta$，摇杆由 C_2D 摆至 C_1D，所需时间为 t_2，C 点的平均速度为 v_2。由于曲柄等速转动，$180°+\theta$ 大于 $180°-\theta$，所以 t_1 大于 t_2；因为摇杆 CD 来回摆动的行程相同，均为 C_1C_2，所以 v_2 大于 v_1。一般来说，生产设备都是在慢速运动的行程中工作，在快速运动的行程中返回。机构的这种工作特性称为急回特性，许多机械都利用这种急回特性来缩短非生产时间，以提高效率。这两个行程的平均速度之比称为行程速比系数，用 K 表示，即

$$K=\frac{v_2}{v_1}=\frac{C_1C_2/t_2}{C_1C_2/t_1}=\frac{\phi_1}{\phi_2}=\frac{180°+\theta}{180°-\theta}$$

上式整理后可得

$$\theta=180°\frac{K-1}{K+1}$$

由此可见，连杆机构的急回特性取决于极位夹角 θ 的大小，θ 越大，K 值越大，机构的急回特性越显著。

3．压力角和传动角

平面连杆机构不仅要保证实现预定的运动要求，而且应当运转效率高，具有良好的传力特性。通常以压力角或传动角表明连杆机构的传力特性。

如图 4-1-12 所示的曲柄摇杆机构中，若忽略各杆的质量和铰链中摩擦力的影响，则连杆为二力构件，主动件 AB 通过连杆对从动件摇杆 CD 的作用力 F 沿 BC 方向。

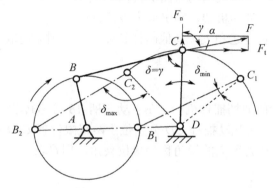

图 4-1-12　曲柄摇杆机构

从动件受力方向与受力点速度方向之间的锐角称为压力角，用 α 表示。将力 F 分解成沿速度 v_c 方向的分力 F_t 和垂直于 v_c 方向的分力 F_n。$F_t = F\cos\alpha$ 是推动摇杆绕 D 点转动的有效分力，压力角越小，有效分力就越大，所以可用压力角的大小来判断机构的传力特性。$F_n = F\sin\alpha$，不但对摇杆无推动作用，反而在铰链处引起摩擦消耗动力，因此它是有害分力，越小越好。

实用上为了度量方便，常用压力角 α 的余角 γ 判断机构传力性能的优劣，称为传动角。由图 4-1-12 可知，传动角 γ 是连杆 BC 与摇杆 CD 所夹的锐角。传动角越大，机构传力性能越好。

机构运动时，传动角是变化的。为了使机构正常工作，应使最小传动角 γ_{min} 处于 $40°$ ~ $50°$ 范围内，轻载时取较小值，重载时取较大值。

4．死点位置

在曲柄摇杆机构中，如图 4-1-13 所示，若以摇杆 CD 为主动件，当摇杆处于两个极限位置 C_1D 和 C_2D 时，连杆 BC 与曲柄 AB 共线，连杆传给曲柄的力 F 通过曲柄的回转中心，其力矩为零，因此不能推动曲柄转动。机构的这种位置称为死点位置。

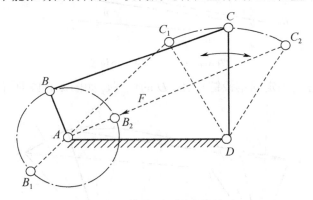

图 4-1-13　曲柄摇杆机构

死点位置影响机构的正常传动，因此要设法使机械能顺利地通过死点位置。通常是在曲柄上安装质量较大的飞轮，利用飞轮的惯性使机构按原来的转向通过死点位置，如拖拉机、缝纫机（它的带轮亦起飞轮的作用）等。在不宜安装飞轮时，可用多组机构错位排列的方法，使各组机构的死点位置错开，保证机器的正常运转。

工程上有时也利用死点位置进行工作，如图 4-1-14 和图 4-1-15 所示。

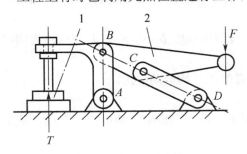

图 4-1-14　夹具

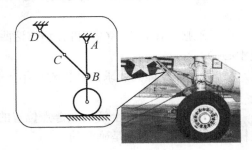

图 4-1-15　飞机起落架

六、平面四杆机构的设计

平面四杆机构的设计，主要是根据给定的运动条件，确定机构运动简图的尺寸参数。有时为了使机构设计得可靠、合理，还应考虑几何条件和动力条件（如最小传动角）等。生产实践中的要求是多种多样的，给定的条件也各不相同，归纳起来，主要有下面两类问题。

（1）按照给定从动件的运动规律（位置、速度、加速度）设计四杆机构。

（2）按照给定点的运动轨迹设计四杆机构。

四杆机构的设计方法有三种：解析法、图解法（几何作图法）、实验法。图解法直观，解析法精确，实验法简便。下面着重介绍图解法。

1. 按给定连杆位置设计四杆机构

如图 4-1-16 所示，假设工作要求某刚体在运动过程中能依次占据Ⅰ、Ⅱ、Ⅲ三个给定位置，试设计一铰链四杆机构，引导该刚体实现这一运动要求。

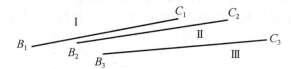

图 4-1-16　连杆的三个位置

设计的主要任务是确定固定铰链点 A、D 的位置，如图 4-1-17 所示。

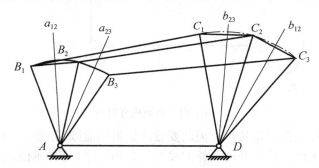

图 4-1-17　按给定连杆位置设计四杆机构

设计步骤：

（1）连接 B_1B_2 和 B_2B_3，再分别作这两条线段的中垂线 a_{12} 和 a_{23}，其交点即为固定铰链中心 A。

（2）连接 C_1C_2 和 C_2C_3，再分别作这两条线段的中垂线 b_{12} 和 b_{23}，其交点即为固定铰链中心 D。

（3）AB_1C_1D 即为所求四杆机构在第一个位置时的机构运动简图。

分析：

（1）在选定了连杆上活动铰链点位置的情况下，由于三点唯一地确定一个圆，故给定连杆三个位置时，其解是确定的。

（2）如果给定连杆两个位置，则固定铰链点 A、D 的位置可在各自的中垂线上任取，故其解有无穷多个。

解决方法是添加其他附加条件（如机构尺寸、传动角大小、有无曲柄等），从中选择合适的机构。

2. 按行程速度变化系数 K 设计四杆机构

已知 CD 杆长、摆角 φ 及 K，设计此四杆机构（图 4-1-18）。

设计的主要任务是确定铰链中心 A 点的位置，计算其他三杆的尺寸，如图 4-1-18 所示。

设计步骤：

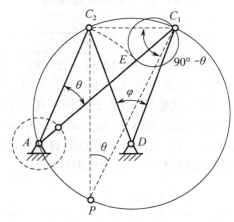

图 4-1-18 按行程速度变化系数 K 设计四杆机构

（1）计算 $\theta = 180° (K-1)/(K+1)$；

（2）任取一点 D，作等腰三角形，腰长为 CD，夹角为 φ；

（2）作 $C_2P \perp C_1C_2$，作 C_1P，使 $\angle C_2C_1P = 90° - \theta$，交于 P；

（4）作 $\triangle PC_1C_2$ 的外接圆，则 A 点必在此圆上。

（5）选定 A，设曲柄长为 l_1，连杆长为 l_2，则

$$AC_1 = l_1 + l_2, \quad AC_2 = l_2 - l_1 \rightarrow l_1 = (AC_1 - AC_2)/2$$

（6）以 A 为圆心，AC_2 为半径作弧交 AC_1 于 E，得

$$l_1 = EC_1/2$$
$$l_2 = AC_1 - EC_1/2$$
$$l_4 = AD$$

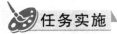 **任务实施**

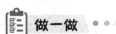 **做一做**

1. 驱动缝纫机脚踏驱动机构，如图 4-1-1 所示，观察脚踏驱动机构的运动，该机构是如何将踏板的摆动转化为曲轴的转动的？当驱动机构出现无法运转的问题时如何解决？

_____

_____

2. 铰链四杆机构分为哪三种类型？哪种铰链四杆机构具有急回特性和死点位置？这两个性质与主动件的选取有关吗？

_____

3. 如图 4-1-19 所示，对心曲柄滑块机构是否具有急回特性？为什么？

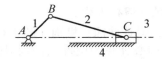

图 4-1-19 对心曲柄滑块机构

---

4. 如图 4-1-3 所示为铸造造型机砂箱翻转机构，它应用一个铰链四杆机构来实现翻台的两个工作位置。当翻台（连杆 BC）在震实台上造型震实时，希望其处于图示实线 B_1C_1 位置；而当需要起模时，希望翻台能翻转 180° 到达图示托台上方的虚线 B_2C_2 位置，以便托台上升接触砂箱起模。假设已知连杆的长度 l_{BC}，B_1C_1、B_2C_2 在坐标系 xy 中的坐标，并要求固定铰链中心 A、D 位于 x 轴上。试利用图解法设计此铰链四杆机构。

要求： 写出设计步骤并绘制出此机构（保留作图过程）。

设计步骤：

绘制四杆机构：

提示： A、D 位于 B_1B_2 和 C_1C_2 的垂直平分线上。

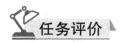

任务评价

任务评价表见表 4-1-3。

表 4-1-3 平面四杆机构设计任务评价表

任 务 名 称		姓 名		日 期	
序 号	评 价 内 容		自 评 得 分		互 评 得 分
1	正确完成任务实施部分第 1~3 题（共 30 分）				
2	正确设计并完成任务实施部分第 4 题（共 50 分）				
3	参与本任务的积极性（共 10 分）				
4	完成本任务的能力（自主完成）（共 10 分）				
教师评语（评分）					

任务拓展

如图 4-1-20 所示为一牛头刨床的主传动机构，已知 $l_{AB}=75mm$，$l_{DE}=100mm$，行程速比系数 $K=2$，刨头 5 的行程 $H=300mm$，要求在整个行程中，推动刨头 5 有较大的压力角，试设计此机构。

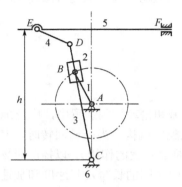

图 4-1-20　牛头刨床的主传动机构

任务 2　凸轮机构运动分析及轮廓设计

 任务目标

1．知识目标

（1）了解凸轮机构的组成、特点、分类和应用。

（2）认识凸轮机构的工作原理。

（3）了解凸轮机构从动件常用运动规律和压力角。

2．能力目标

能根据要求正确设计凸轮轮廓曲线。

3．素质目标

（1）培养独立思考和动手操作的习惯。

（2）培养自主学习的能力。

（3）培养分析问题和解决问题的能力。

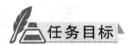 **任务分析**

在日常生活中常见各种凸轮机构，当要求机械设备中从动件输出按预定规律变化时，常依靠设计凸轮轮廓，通过凸轮机构运动来实现。

试一试 ● ● ● ●

1．凸轮机构由哪几部分组成？有什么特点？

2．写出凸轮机构的分类方法和应用场合。

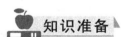

3．图 4-2-1 中的内燃机配气机构是如何实现气阀的开启或关闭的？

4．凸轮机构从动件常用的运动规律有哪些？压力角的大小对机构传动有没有影响？

5．试用图解法设计一个对心直动从动件盘形凸轮，已知理论轮廓基圆半径 r_b=30mm，滚子半径 r_T = 10mm，凸轮顺时针匀速转动。当凸轮转过 120° 时，从动件以等速运动规律上升 30mm；再转过 150° 时，从动件以等加速等减速运动规律返回原位；凸轮转过剩下 90° 时，从动件静止不动。

知识准备

一、凸轮机构的应用

在各种机械特别是自动机械和自动控制装置中，广泛地应用着各种形式的凸轮机构。

如图 4-2-1 所示为内燃机配气机构，当凸轮回转时，其轮廓将迫使推杆做往复摆动，从而使气阀开启或关闭（关闭是靠弹簧的作用），以控制可燃物质在适当的时间进入汽缸或排出废气。至于气阀开启和关闭时间的长短及其速度和加速度的变化规律，则取决于凸轮轮廓曲线的形状。

如图 4-2-2 所示为自动机床的进刀机构。当具有凹槽的圆柱凸轮回转时，其凹槽的侧面通过嵌于凹槽中的滚子迫使推杆绕其轴做往复摆动，从而控制刀架的进刀和退刀运动。至于进刀和退刀的运动规律，则取决于凹槽曲线的形状。

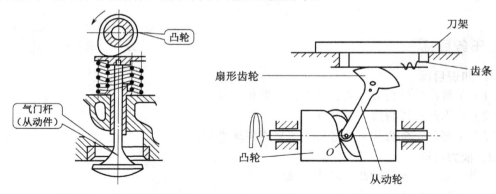

图 4-2-1　内燃机配气机构　　　　图 4-2-2　自动机床的进刀机构

二、凸轮机构的组成及特点

1．凸轮机构的组成

凸轮是一个具有曲线轮廓或凹槽的构件。凸轮通常做等速转动，但也有做往复摆动或移动的。推杆是被凸轮直接推动的构件。因为在凸轮机构中推杆多是从动件，故又常称其为从动件。凸轮机构就是由凸轮、从动件和机架三个主要构件所组成的高副机构，如图 4-2-3 所示。

2．凸轮机构的特点

（1）优点：只要适当地设计凸轮的轮廓曲线，就可以使推杆得到各种预期的运动规律，而且机构简单紧凑。

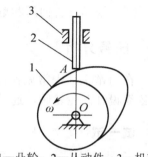

1—凸轮；2—从动件；3—机架

图 4-2-3　凸轮机构

（2）缺点：凸轮轮廓线与推杆之间为点、线接触，易磨损，所以凸轮机构多用在传力不大的场合。

三、凸轮机构的分类

凸轮机构的分类方法很多，见表 4-2-1。

表 4-2-1 凸轮机构的分类

分类方法	类型	图例		特点
按凸轮形状分类	盘形凸轮			盘形凸轮是一个绕固定轴线转动并具有变化半径的盘形零件。从动件在垂直于凸轮旋转轴线的平面内运动
	移动凸轮			移动凸轮可看做回转中心趋于无穷远的盘形凸轮，相对于机架做直线往复运动
	圆柱凸轮			圆柱凸轮是一个在圆柱面上开有曲线凹槽或在圆柱端面上做出曲线轮廓的构件，它可看做将移动凸轮卷成圆柱体演化而成的。
按从动件端部形状和运动形式分类	尖顶从动件		摆动	构造最简单，但易磨损，只适用于作用力不大和速度较低的场合（如用于仪表等机构中）
	滚子从动件		摆动	滚子与凸轮轮廓之间为滚动摩擦，磨损小，故可用来传递较大的动力，应用较广
	平底从动件		摆动	凸轮与平底的接触面间易形成油膜，润滑较好，常用于高速传动中

四、从动件的常用运动规律

1．有关凸轮机构的名词术语及符号

以图 4-2-4 所示的对心直动尖顶推杆盘形凸轮机构为例加以说明。

基圆——以凸轮的转动轴心 O 为圆心，以凸轮的最小向径 r_b 为半径所作的圆。r_b 称为凸轮的基圆半径。

推程——当凸轮以等角速度 ω 逆时针转动时，推杆在凸轮轮廓线的推动下，由最低位置被推到最高位置，推杆运动的这一过程即为推程。而相应的凸轮转角 Φ 称为推程运动角。

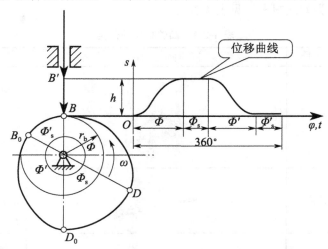

图 4-2-4　对心直动尖顶推杆盘形凸轮机构

远休——凸轮继续转动，推杆处于最高位置而静止不动。与之相应的凸轮转角 Φ_s 称为远休止角。

回程——凸轮继续转动，推杆又由最高位置回到最低位置。相应的凸轮转角 Φ' 称为回程运动角。

近休——当凸轮转过角 Φ'_s 时，推杆与凸轮轮廓线上向径最小的一段圆弧接触，其处在最低位置而静止不动。角 Φ'_s 称为近休止角。

行程——推杆在推程或回程中移动的距离 h。

2．从动件的运动规律

（1）等速运动规律

等速运动规律如图 4-2-5 所示。

$$S = \frac{h}{\Phi}\varphi \qquad v = \frac{h}{\Phi}\omega \qquad \alpha = 0$$

速度曲线不连续，机构产生刚性冲击（Rigid Impulse）。等速运动规律适用于低速轻载场合。

（2）等加速等减速运动规律

等加速等减速运动规律如图 4-2-6 所示。

$$\text{前半程} \qquad\qquad \text{后半程}$$
$$S = \frac{2h}{\Phi^2}\varphi^2 \qquad S = h - \frac{2h}{\Phi^2}(\Phi - \varphi)^2$$
$$V = \frac{4h}{\Phi^2}\varphi \qquad V = h - \frac{4h\omega}{\Phi^2}(\Phi - \varphi)$$

$$\alpha = \frac{4h\omega^2}{\Phi^2} \qquad \alpha = -\frac{4h\omega^2}{\Phi^2}$$

加速度曲线不连续，机构将产生柔性冲击（Soft Impulse）等加速等减速运动规律适用于中速轻载场合。

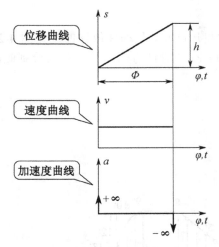

图 4-2-5 等速运动规律

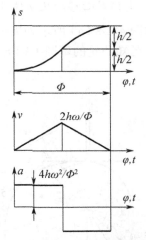

图 4-2-6 等加速等减速运动规律

五、凸轮机构的压力角

如前所述，作用在从动件上的驱动力与该力作用点绝对速度之间所夹的锐角称为压力角。在不计摩擦时，高副中构件间的力是沿法线方向作用的，因此，对于高副机构，压力角即是接触轮廓法线与从动件速度方向所夹的锐角，如图 4-2-7 所示。

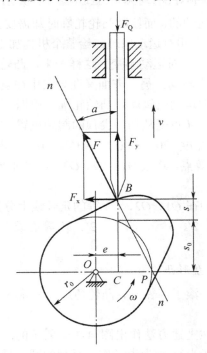

图 4-2-7 凸轮机构的压力角

机构压力角 α 越大，侧向分力越大，机构的效率越低，且易出现自锁现象。通常对直动从动件凸轮机构取许用压力角 $[\alpha]=30°$，对摆动从动件凸轮机构取许用压力角 $[\alpha]=45°$。

六、用图解法设计凸轮轮廓

1. 尖顶对心移动从动件盘形凸轮

如图4-2-8（a）所示为尖顶对心移动从动件盘形凸轮，从动件位移曲线如图4-2-8（b）所示，已知凸轮的基圆半径 r_b 及凸轮以等角速度 ω 逆时针方向回转，要求绘制此凸轮的轮廓。

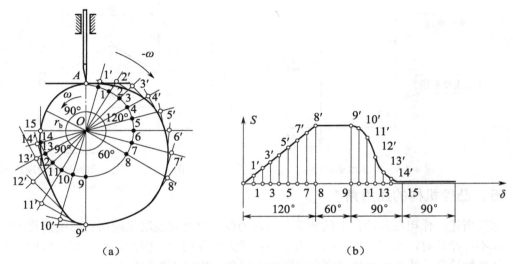

（a）　　　　　　　　　　　　（b）

图4-2-8　尖顶对心移动从动件盘形凸轮及其从动件位移曲线

凸轮机构工作时凸轮是运动的，而绘制凸轮轮廓时却需要凸轮与图纸相对静止。为此，在设计中采用"反转法"。根据相对运动原理，给整个机构加上以凸轮轴心 O 为中心的公共角速度 $-\omega$，机构各构件间的相对运动不变。这样一来，凸轮不动，而从动件一方面随机架和导路以角速度 $-\omega$ 绕 O 点转动，另一方面又在导路中往复移动。由于尖顶始终与凸轮轮廓接触，所以反转后尖顶的运动轨迹就是凸轮轮廓。根据"反转法"，作图步骤如下。

（1）以 r_b 为半径作基圆，A 点是从动件尖顶的起始位置。

（2）自 OA 沿 $-\omega$ 方向取角度120°、60°、90°、90°，并将它们各分成与图4-2-8（b）对应的若干等份，得1、2、3等点。连接 $O1$、$O2$、$O3$ 等，它们便是反转后从动件导路的各个位置。

（3）量取各个位移量，即在 $O1$、$O2$、$O3$ 等的延长线上分别量取 $11'$、$22'$、$33'$ 等，得反转后尖底的一系列位置 $1'$、$2'$、$3'$等。将 $1'$、$2'$、$3'$ 等连成光滑的曲线，便得到所要求的凸轮轮廓曲线。

2. 滚子对心移动从动件盘形凸轮

已知凸轮的基圆半径 r_b、滚子半径 r_T、凸轮角速度 ω 和从动件的运动规律，要求设计该凸轮轮廓曲线。

将滚子中心看做尖顶，按上述方法作出图4-2-9所示的理论轮廓曲线，然后以理论轮廓曲线上各点为圆心，以滚子半径 r_T 为半径作一系列的圆，最后作出这些圆的包络线（图中实际轮廓曲线），该包络线即为滚子对心移动从动件盘形凸轮的轮廓曲线。从图 4-2-9 中可知，滚子对心移动从动件盘形凸轮的基圆半径是在理论轮廓上度量的。

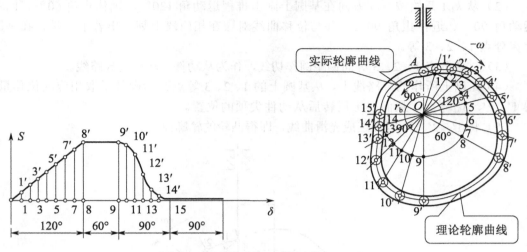

图 4-2-9　滚子对心移动从动件盘形凸轮

3．平底对心移动从动件盘形凸轮

平底从动件凸轮轮廓线的绘制与滚子从动件凸轮轮廓线相似，也分两步，如图 4-2-10 所示。将从动件的轴线与平底的交点 A 看成尖顶从动件的尖底。按尖顶从动件凸轮轮廓的绘制方法，求得理论轮廓线上的各点 1′、2′、3′ 等，然后过这些点画出一系列平底，作这些平底的包络线，即得凸轮的实际轮廓曲线。

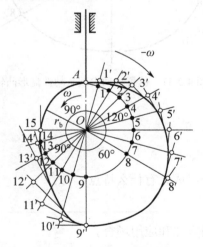

图 4-2-10　平底对心移动从动件盘形凸轮

4．偏置直动尖顶从动件盘形凸轮

已知凸轮的基圆半径 r_b、角速度 ω、从动件的运动规律及偏心距 e，要求设计该凸轮轮廓曲线。

设计步骤如下：

（1）以与位移曲线相同的比例尺作出偏距圆（以 e 为半径的圆）及基圆，过偏距圆上

任一点 K 作偏距圆的切线作为从动件导路，并与基圆相交于 A 点，A 点就是从动件尖顶的起始位置，如图 4-2-11 所示。

（2）从 k_1A 开始按 $-\omega$ 方向在基圆上画出推程运动角 $120°$、远休止角 $60°$、回程运动角 $90°$、近休止角 $90°$，并与位移曲线对应在相应段上划分出若干等份，在基圆上得分点 1、2、3 等。

（3）过各分点 1、2、3 等向偏距圆作切线，作为从动件反转后的导路线。

（4）在以上所作的导路线上，从基圆上的 1、2、3 等点开始向外量取相应的位移量，得 1′、2′、3′ 等点，从而得出反转后从动件尖顶的位置。

（5）将 1′、2′、3′ 等点连成光滑曲线，即得凸轮的轮廓曲线。

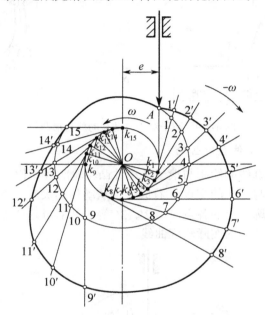

图 4-2-11　偏置直动尖顶从动件盘形凸轮

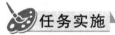 **任务实施**

 做一做 ● ● ● ●

1. 凸轮机构由哪几部分组成？有什么特点？

_____

2. 写出凸轮机构的分类方法和应用场合。

_____

3. 如图 4-2-1 所示的内燃机配气机构是如何实现气阀的开启或关闭的？

_____

4. 凸轮机构从动件常用的运动规律有哪些？压力角的大小对机构传动有没有影响？

_____

5．试用图解法设计一个对心直动从动件盘形凸轮。已知理论轮廓基圆半径 r_b=30mm，滚子半径 r_T=10mm，凸轮顺时针匀速转动。当凸轮转过 120° 时，从动件以等速运动规律上升 30mm；再转过 150° 时，从动件以等加速等减速运动规律返回原位；凸轮转过剩下 90° 时，从动件静止不动。

 任务评价

任务评价表见表 4-2-2。

表 4-2-2　凸轮机构运动分析及轮廓设计任务评价表

任务名称		姓　名		日　　期	
序　号	评价内容		自评得分		互评得分
1	正确完成任务实施部分第 1~4 题（共 40 分）				
2	正确设计并完成任务实施部分第 5 题（共 40 分）				
3	参与本任务的积极性（共 10 分）				
4	完成本任务的能力（自主完成）（共 10 分）				
教师评语（评分）					

任务 3　螺旋机构运动分析

任务目标

1．知识目标
（1）了解螺纹的类型和特点。
（2）掌握螺旋机构的工作原理、类型和特点。
（3）了解螺旋机构的应用。

2．能力目标
认识螺纹的基本参数，会查阅相应的国家标准。

3．素质目标
（1）培养独立思考的习惯。
（2）培养自主学习的能力。
（3）培养分析问题和解决问题的能力。

任务分析

螺旋机构是由螺杆、螺母和机架组成的（一般把螺杆和螺母之一做成机架），其主要功用是将旋转运动变换成直线运动，同时传递运动和动力，是机械设备和仪表中广泛应用的一种传动机构。

试一试 ● ● ● ●

1．螺纹有哪几种类型？分别有什么特点？

2. 螺旋机构有哪几种类型？分别有什么特点？

3. 请分析图 4-3-1 所示千分尺的工作原理。

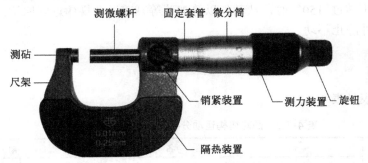

图 4-3-1　千分尺

4. 如图 4-3-2 所示为儿童玩具飞翼，当一手握住螺杆 1，另一手通过套筒 3 推动飞翼 2（螺母）时，飞翼就会快速转动而高高飞起，请问为什么？

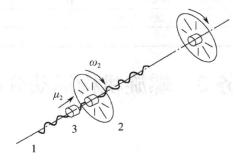

图 4-3-2　儿童玩具飞翼

知识准备

一、螺纹的种类

螺纹按牙型分类，如图 4-3-3 所示。
螺纹按螺旋线方向分类，如图 4-3-4 所示。
螺纹按螺旋线的线数分类，如图 4-3-5 所示。
螺纹按形成的表面分类，如图 4-3-6 所示。

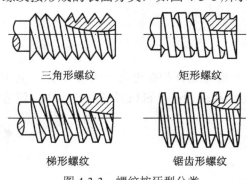

三角形螺纹　　矩形螺纹

梯形螺纹　　锯齿形螺纹

图 4-3-3　螺纹按牙型分类

右旋螺纹　　左旋螺纹

图 4-3-4　螺纹按螺旋线方向分类

单线螺纹

多线螺纹

图 4-3-5　螺纹按螺旋线的线数分类

内螺纹　　　　外螺纹

图 4-3-6　螺纹按形成的表面分类

二、普通螺纹的主要参数

普通螺纹的主要参数，如图 4-3-7 所示。

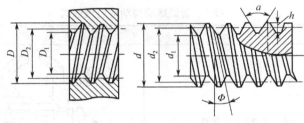

图 4-3-7　普通螺纹的主要参数

1. **大径 D、d**

螺纹的最大直径，即与螺纹牙顶相重合的假想圆柱面的直径，在标准中定为公称直径。

2. **小径 D_1、d_1**

螺纹的最小直径，即与螺纹牙底相重合的假想圆柱的直径，在强度计算中常作为螺杆危险截面的计算直径。

3. **中径 D_2、d_2**

通过螺纹轴向截面内牙型上的沟槽和突起宽度相等处的假想圆柱面的直径，中径是确定螺纹几何参数和配合性质的直径。

4. **线数 n**

线数是螺纹的螺旋线数目。沿一根螺旋线形成的螺纹称为单线螺纹，沿两根以上的等距螺旋线形成的螺纹称为多线螺纹。常用的连接螺纹要求自锁性，故多用单线螺纹；传动螺纹要求传动效率高，故多用双线或单线螺纹。为了便于制造，一般 $n \leqslant 4$。

5. **螺距 P**

螺距指螺纹相邻两个牙型上对应点间的距离。

6. **导程 S**

导程是螺纹上任一点沿同一条螺旋线旋转一周所移动的轴向距离。单线螺纹 $S = P$，多线螺纹 $S = nP$。

7. **螺纹升角 φ**

螺纹升角是螺旋线的切线与垂直于螺纹轴线的平面间的夹角。在螺纹的不同直径处，螺纹升角各不相同，通常在螺纹中径 d_2 处计算。

8. 牙型角 α

牙型角是螺纹轴向截面内，螺纹牙型两侧边的夹角。螺纹牙型的侧边与螺纹轴线的垂直平面的夹角称为牙侧角，对称牙型的牙侧角 $\beta = \alpha/2$。

9. 接触高度 h

接触高度是内、外螺纹旋合后的接触面的径向高度。

三、螺旋传动的应用形式

1. 普通螺旋传动的应用形式

普通螺旋传动的应用形式见表 4-3-1。

表 4-3-1　普通螺旋传动的应用形式

序　号	应　用　形　式	实　例
1	螺母固定不动，螺杆回转并做直线运动	台虎钳
2	螺杆固定不动，螺母回转并做直线运动	螺纹千斤顶
3	螺杆回转，螺母做直线运动	车床横刀架

续表

序　号	应 用 形 式	实　　例
4	螺母回转，螺杆做直线运动	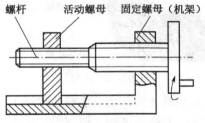观察镜螺旋调整装置

2．差动螺旋传动

差动螺旋传动是由两个螺旋副组成的使活动螺母与螺杆产生差动（不一致）的螺旋传动形式，如图 4-3-8 所示。

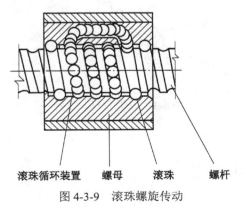

图 4-3-8　差动螺旋传动

3．滚珠螺旋传动

滚珠螺旋传动是用滚动体在螺纹工作面间实现滚动摩擦的螺旋传动形式，又称滚珠丝杠传动。滚动体通常为滚珠，也有用滚子的。滚珠螺旋传动的摩擦系数、效率、磨损、寿命、抗爬行性能、传动精度和轴向刚度等虽比静压螺旋传动稍差，但远好于滑动螺旋传动，如图 4-3-9 所示。

图 4-3-9　滚珠螺旋传动

任务实施

做一做

1. 螺纹有哪几种类型？分别有什么特点？

_____

_____

2. 螺旋机构有哪几种类型？分别有什么特点？

_____

_____

3. 请分析图 4-3-10 所示千分尺的工作原理。

_____

_____

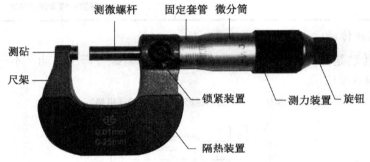

测微螺杆　固定套管　微分筒

测砧

尺架

锁紧装置

测力装置　旋钮

隔热装置

图 4-3-10　千分尺

4. 如图 4-3-11 所示为儿童玩具飞翼，当一手握住螺杆 1，另一手通过套筒 3 推动飞翼 2（螺母）时，飞翼就会快速转动而高高飞起，请问为什么？

_____

_____

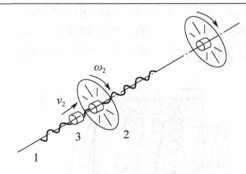

ω_2

v_2

3　　2

1

图 4-3-11　儿童玩具飞翼

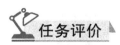 **任务评价**

任务评价表见表 4-3-2。

表 4-3-2　螺旋机构运动分析任务评价表

任务名称		姓　名		日　期	
序　号	评 价 内 容	自评得分		互 评 得 分	
1	正确完成任务实施部分第 1~3 题（共 30 分）				
2	正确设计并完成任务实施部分第 4 题（共 50 分）				
3	参与本任务的积极性（共 10 分）				
4	完成本任务的能力（自主完成）（共 10 分）				
教师评语（评分）					

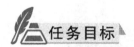

任务 4　间歇机构运动分析

任务目标

1．知识目标

（1）了解棘轮机构的组成和特点。

（2）了解槽轮机构的组成和特点。

（3）了解不完全齿轮机构的组成和特点。

（4）了解凸轮式间歇机构的组成和特点。

2．能力目标

（1）能说出棘轮机构的应用。

（2）能说出槽轮机构的应用。

（3）能说出不完全齿轮机构的应用。

（4）能说出凸轮式间歇机构的应用。

3．素质目标

（1）培养独立思考的习惯。

（2）培养自主学习的能力。

（3）培养分析问题和解决问题的能力。

任务分析

间歇运动机构能够将主动件的连续运动转换成从动件有规律的周期性运动或停歇。如牛头刨床工作台横向进给机构、电影放映机送片机构等都利用了间歇运动机构。常用的间歇运动机构有棘轮机构、槽轮机构、不完全齿轮机构和凸轮式间歇机构。

试一试

1．如图 4-4-1 所示的棘轮机构是如何运动的？

2．如图 4-4-2 所示的电影放映机卷片机构是如何运动的？

3．如图 4-4-3 所示的不完全齿轮机构是如何运动的？

4．如图 4-4-4 所示的蜗杆凸轮间歇机构是如何运动的？

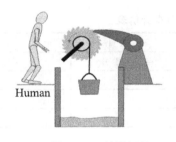

图 4-4-1　棘轮机构

图 4-4-2　电影放映机卷片机构

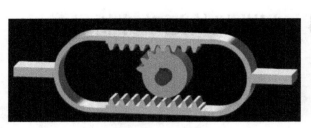

图 4-4-3　不完全齿轮机构

图 4-4-4　蜗杆凸轮间歇机构

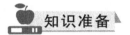 知识准备

一、棘轮机构

如图 4-4-5 所示，棘轮机构主要由棘轮、棘爪和机架组成。棘轮 4 固定在轴上，其轮齿分布在轮的外缘（也可分布于内缘或端面），原动件 1 空套在轴上。当原动件 1 逆时针方向摆动时，与它相连的驱动棘爪 2 便借助弹簧或自重的作用插入棘轮的齿槽内，使棘轮随之转过一定的角度。当原动件 1 顺时针方向摆动时，驱动棘爪 2 便在棘轮齿背上滑过。这时，弹簧 5 迫使止回棘爪 6 插入棘轮的齿槽，阻止棘轮顺时针方向转动，故棘轮静止不动。当原动件连续地往复摆动时，棘轮做单向的间歇运动。

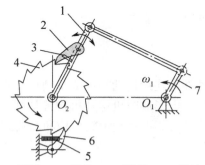

1—摇杆；2—棘爪；3—弹簧；4—棘轮；
5—弹簧；6—止回棘爪；7—曲柄

图 4-4-5　棘轮机构

改变原动件 1 的结构形状，可以得到如图 4-4-6 所示的双动式棘轮机构。该机构有两个驱动棘爪，当主动件做往复摆动时，两个棘爪交替带动棘轮沿同一方向做间歇运动。

当棘轮轮齿制成方形时，成为可变向棘轮机构，如图 4-4-7 所示，该机构可改变棘轮的运动方向。当提起棘爪绕自身轴线转 180° 再放下时，即可改变棘轮的运动方向。

图 4-4-6　双动式棘轮机构　　图 4-4-7　可变向棘轮机构

齿啮式棘轮机构结构简单，制造方便，运行可靠，输出角度可大范围调节，但其运动精度低，工作时冲击和噪声较大，所以一般用于速度较低、载荷不大的场合。

对于上述棘轮机构，棘轮的转角都是相邻两齿所夹中心角的倍数，也就是说，棘轮的转角是有级性改变的。如果要实现无级性改变，就需要采用无棘齿的棘轮，如图 4-4-8 所示。这种机构是通过棘爪 1 与棘轮 2 之间的摩擦力来传递运动的（3 为制动棘爪），故称为摩擦式棘轮机构。这种机构在传动过程中很少发出噪声，但其接触表面间容易发生滑动。

棘轮机构除了常用于实现间歇运动外，还能实现超越运动。如图 4-4-9 所示为自行车后轮轴上的棘轮机构。当脚蹬踏板时，经链轮 1 和链条 2 带动内圈具有棘齿的链轮 3 顺时针转动，再通过棘爪 4 的作用，使后轮轴 5 顺时针转动，从而驱使自行车前进。自行车前进时，如果令踏板不动，后轮轴 5 便会超越链轮 3 而转动，让棘爪 4 在棘轮齿背上滑过，从而实现不蹬踏板的自由滑行。

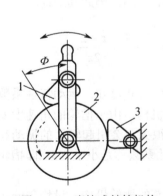 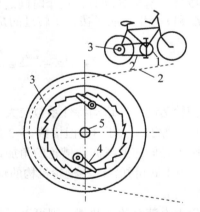

图 4-4-8　摩擦式棘轮机构　　图 4-4-9　自行车后轮轴上的棘轮机构

二、槽轮机构

1．槽轮机构的工作原理

槽轮机构又称马尔他机构，如图 4-4-10 所示。它是由具有径向槽的槽轮 3、带有圆销 2 的拨盘 1 和机架组成的。拨盘 1 匀速转动时，驱使槽轮 3 做时转时停的间歇运动。拨盘 1 上的圆销 2 尚未进入槽轮 3 的径向槽时，由于槽轮 3 的内凹锁止弧被拨盘 1 的外凸弧卡住，故槽轮 3 静止不动。图 4-4-10 显示的是圆销 2 开始进入槽轮 3 的径向槽时的情况。这时锁止弧被松开，因此槽轮 3 受圆销 2 驱使沿逆时针方向转动。当圆销 2 开始脱出槽轮的径向槽时，槽轮的另一内凹锁止弧又被拨盘 1 的外凸弧卡住，致使槽轮 3 又静止不动，直到圆销 2 再进入槽轮 3 的另一径向槽时，两者又重复上述运动。为了防止槽轮在工作过程中发生位置偏移，除上述锁止弧之外也可以采用其他专门的定位装置。

槽轮机构构造简单，机械效率高，并且运动平稳，因此在自动机床转位机构、电影放映机卷片机构等自动机械中得到了广泛的应用。

2. 槽轮机构的主要参数

槽轮机构的主要参数是槽数 z 和拨盘圆销数 K。

如图 4-4-10 所示，为了使槽轮 2 在开始和终止转动的瞬间角速度为零，以避免圆销与槽发生撞击，在圆销进入或脱出径向槽的瞬间，槽的中心线 O_2A 应与 O_1A 垂直。设 z 为均匀分布的径向槽数目，则槽轮转过 $2\phi_2 = 2\pi/z$ 弧度时，拨盘 1 的转角为

$$2\phi_1 = \pi - 2\phi_2 = \pi - 2\pi/z$$

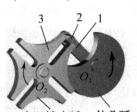

图 4-4-10　槽轮机构

在一个运动循环内，槽轮 2 的运动时间 t_m 与拨盘 1 的运动时间 t 的比值 τ 称为运动特性系数。当拨盘 1 等速转动时，这个时间之比可用转角之比来表示。对于只有一个圆销的槽轮机构，t_m 和 t 分别对应于拨盘 1 转过的角度 $2\phi_1$ 和 2π。因此其运动特性系数 τ 为

$$\tau = \frac{t_m}{t} = \frac{2\phi_1}{2\pi} = \frac{\pi - \dfrac{2\pi}{z}}{2\pi} = \frac{1}{2} - \frac{1}{z} = \frac{z-2}{2z}$$

为保证槽轮运动，其运动特性系数应大于零。由上式可知，运动特性系数大于零时，径向槽的数目应等于或大于 3。但槽数 $z=3$ 的槽轮机构，由于槽轮的角速度变化很大，在圆销进入或脱出径向槽的瞬间，槽轮的角加速度也很大，会引起较大的振动和冲击，所以很少应用。又由上式可知，这种槽轮机构的运动特性系数总是小于 0.5，即槽轮的运动时间总小于静止时间 t_s。

如果拨盘 1 上装有数个圆销，则可以得到 $\tau > 0.5$ 的槽轮机构。设均匀分布的圆销数目为 K，则在一个循环中，槽轮 2 的运动时间为只有一个圆销时的 K 倍，即

$$\tau = \frac{K(z-2)}{2z}$$

运动系数 τ 还应当小于 1（$\tau = 1$ 表示槽轮 2 与拨盘 1 一样做连续转动，不能实现间歇运动），故由上式得

$$K < \frac{2z}{z-2}$$

由上式可知，当 $z=3$ 时，圆销的数目可为 1～5；当 $z=4$ 或 5 时，圆销数目可为 1～3；

而当 $z>6$ 时，圆销的数目可为 1 或 2。槽数 $z>9$ 的槽轮机构比较少见，因为当中心距一定时，z 越大，槽轮的尺寸就越大，转动时的惯性力矩也越大。当 $z>9$ 时，槽数虽增加了，τ 的变化却不大，起不到明显的作用，故 z 常取为 4～8。

三、不完全齿轮机构

如图 4-4-11 所示为不完全齿轮机构。这种机构的主动轮 1 为只有一个齿或几个齿的不完全齿，从动轮 2 由正常齿和带锁住弧的厚齿彼此相间地组成。当主动轮 1 的有齿部分作用时，从动轮 2 就转动；当主动轮 1 的无齿圆弧部分作用时，从动轮停止不动。因此，当主动轮连续转动时，从动轮就获得时转时停的间歇运动。

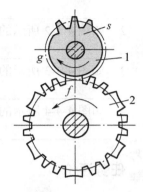

当主动轮匀速转动时，这种机构的从动轮在运动期间也保持匀速转动，但是当从动轮由停歇而突然到达某一转速，以及由某一转速突然停止时，都会像等速运动规律的凸轮机构那样产生刚性冲击。因此，它不宜用于主动轮转速很高的场合。

图 4-4-11 不完全齿轮机构

不完全齿轮机构常应用于计数器、电影放映机和某些具有特殊运动要求的专用机械中。

四、凸轮间歇运动机构

如图 4-4-12 所示为圆柱形凸轮间歇运动机构，凸轮 1 呈圆柱形，滚子 3 均匀分布在转盘 2 的端面，滚子中心与转盘中心的距离等于 R_2。当凸轮转过角度 δ_t 时，转盘以某种运动规律转过的角度 $\delta_{2max}=2\pi/z$（式中 z 为滚子数目）；当凸轮继续转过角度（$2\pi-\delta_t$）时，转盘静止不动。当凸轮继续转动时，第二个圆销与凸轮槽相作用，进入第二个运动循环。这样，当凸轮连续转动时，转盘实现单向间歇转动。这种机构实质上是一个摆杆长度等于 R_2、只有推程和远休止角的摆动从动件圆柱凸轮机构。

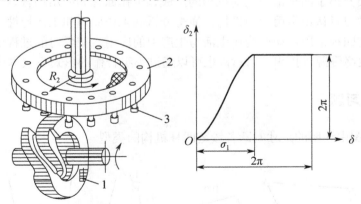

图 4-4-12 圆柱形凸轮间歇运动机构

凸轮间歇运动机构的优点是运转可靠、传动平稳，转盘可以实现任何运动规律，还可以通过改变凸轮推程运动角来得到所需要的转盘转动时间与停歇时间的比值。凸轮间歇运动机构常用于传递交错轴间的分度运动和需要间歇转位的机械装置中。

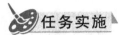

任务实施

 做一做

1．如图 4-4-1 所示的棘轮机构是如何运动的？

_____

2．如图 4-4-2 所示的电影放映机卷片机构是如何运动的？

_____

3．如图 4-4-3 所示的不完全齿轮机构是如何运动的？

_____

4．如图 4-4-4 所示的蜗杆凸轮间歇机构是如何运动的？

_____

任务评价

任务评价表见表 4-4-1。

表 4-4-1　间歇机构运动分析任务评价表

任 务 名 称		姓　　名		日　　期	
序　　号	评 价 内 容		自 评 得 分		互 评 得 分
1	正确完成任务实施部分第1～4题(共80分)				
2	参与本任务的积极性（共 10 分）				
3	完成本任务的能力（自主完成）（共 10 分）				
教师评语（评分）					

项目总结

　　本项目主要介绍了四种常用运动机构的组成、工作原理和应用场合。通过本项目的学习，旨在引领学习者认识常用运动机构，懂得分析其工作原理和工作特性，并在理解的基础上综合分析这四种常用运动机构在生活与生产中的应用。在学习的过程中，学习者可以借助工具书或网络资源查找相关信息，也可以通过小组合作的形式完成本项目的学习。

思考与练习题

1．试根据图中注明的尺寸判断各铰链四杆机构的类型。

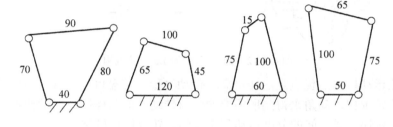

_____　_____　_____

2. 作图找出下图所示曲柄滑块机构中构件 C 的两个极限位置。若将该机构中的构件 C 改为主动件,请标出构件 AB 的两个死点位置,并回答:机构中 r 的名称是_____, b 是_____, C 是_____。

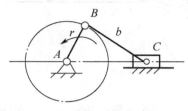

题 2 图

3. 假设已知下图所示铰链四杆机构各构件的长度 $a = 240mm$, $b = 600mm$, $c = 400mm$, $d = 500mm$, 试回答下列问题:

(1) 当取杆 4 为机架时,是否有曲柄存在?_____。若有曲柄,则杆_____为曲柄,此时该机构为_____机构。

(2) 要使此机构成为双曲柄机构,则应取杆_____为机架。

(3) 要使此机构成为双摇杆机构,则应取杆_____为机架,且其长度的允许变动范围为_____。

(4) 如将杆 4 的长度改为 $d = 400mm$, 而其他各杆的长度不变,则分别以杆 1、2、3 为机架时,所获得的机构为_____、_____、_____机构。

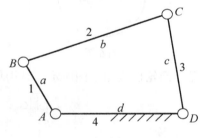

题 3 图

4. 请画出下图所示平面四杆机构的压力角和传动角。

题 4 图

5. 下图显示了一个用绳索操作的长杆夹持器,并用一个四杆机构 $ABCD$ 来实现执握动作。已知 AB 杆及 DE 杆的对应角度关系如图所示,且 $l_{DE}=60mm$, $l_{AD}=140mm$, $l_{AB}=20mm$。试以作图法设计此四杆机构。(保留作图线)

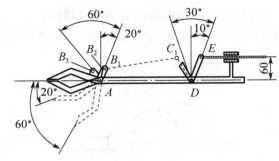

题 5 图

6. 下图为一偏置滚子直动从动件盘形凸轮机构，试在图上绘出：

（1）偏距圆；

（2）基圆；

（3）图示位置作用在从动件上的压力角。

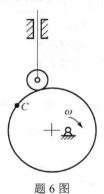

题 6 图

7. 已知一偏置尖顶推杆盘形凸轮机构如下图所示，试用作图法求推杆的位移曲线。

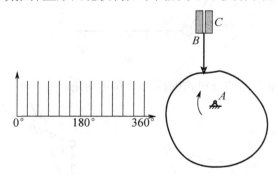

题 7 图

8. 试以作图法设计下图所示偏置直动滚子推杆盘形凸轮机构的凸轮轮廓曲线。已知凸轮以等角速度逆时针回转，正偏距 $e = 10\text{mm}$，基圆半径 $r_0 = 30\text{mm}$，滚子半径 $r_\text{r} = 10\text{mm}$。推杆运动规律如下：凸轮转角 $\delta = 0° \sim 150°$ 时，推杆等速上升 16mm；$\delta = 150° \sim 180°$ 时，推杆远休；$\delta = 180° \sim 300°$ 时，推杆等加速等减速回程 16mm；$\delta = 300° \sim 360°$ 时，推杆近休。

要求：在作图求解时，应保留全部作图线，并做适当标注，凸轮轮廓线必须光滑。

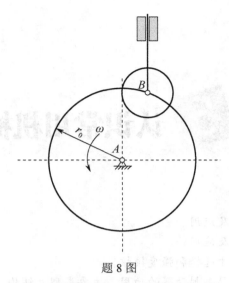

题 8 图

9．实际生活与生产中有哪些螺旋机构？举例并分析其工作原理。

10．请分析下图所示绘图用圆规的结构及组成。为什么调节螺杆中部的操作旋钮，可实现圆规两脚对称地张开或收拢？

题 10 图

11．棘轮机构、槽轮机构、不完全齿轮机构和凸轮间歇运动机构在运动平稳性、加工难易程度和制造成本方面各具有哪些优缺点？各适用于什么场合？

12．在六角车床上六角刀架转位用的槽轮机构中，已知槽数 $z = 6$，槽轮静止时间 $t_s = 5/6$s，运动时间 $t_m = 2t_s$，求槽轮机构的运动系数 τ 及所需的圆销数 K。

项目 **5** 认识常用机械连接件

项目目标

1. 了解键连接的类型及应用。
2. 了解销连接的类型及应用。
3. 掌握平键连接的尺寸选择和强度校核。
4. 了解联轴器、离合器、制动器的功用、主要类型、结构、特点和应用。
5. 培养分析问题、解决问题的能力，以及独立思考和动手能力。

项目描述

轴上的回转体零件要能准确地随着轴一起运转，必须有可靠的轴向和周向定位，合理设计轴的结构形状可以给回转体零件提供可靠的轴向定位。那么，采用什么零件可以给回转体零件提供可靠的周向定位呢？

机器执行部分准确的运动动力来源于机器的原动件，原动件与执行部分的运动传递是通过各类传动装置实现的。那么，不同机构之间轴的连接是依靠什么装置实现的？

机器在运转过程中，要经常换挡变速。为保持换挡时的平稳，减少冲击和振动，需要暂时断开发动机与变速箱的连接，待换挡变速后再逐渐接合。什么装置可以满足此类运动要求？

运动中的机器需要减速或者停止，通过什么装置能满足这一要求呢？

任务 1　键连接、销连接的选用

任务目标

1. 了解键连接的功用和分类。
2. 了解平键连接的结构和标准。
3. 了解花键连接的类型。
4. 了解销连接的形式和应用。
5. 培养独立思考和动手操作的习惯。

任务分析

在轴系部件中，为了使齿轮、带轮等轴上回转零件随轴一起转动，通常在齿轮、带轮的轮毂和轴上分别加工出键槽，用键进行连接，起到传递运动和动力的作用。

键连接属于可拆连接，在机械中应用很广泛，它具有结构简单、工作可靠、装拆方便及已经标准化等特点。

减速器输出轴与齿轮之间的平键连接如图 5-1-1 所示。已知传递的转矩 $T = 300\text{N} \cdot \text{m}$，齿轮的材料为铸钢，载荷有轻微冲击。

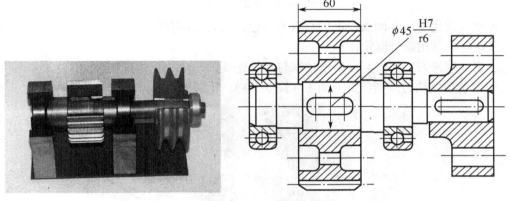

图 5-1-1 减速器输出轴与齿轮之间的平键连接

思考

1. 键连接的功用是什么？
2. 普通平键连接的类型有哪些？
3. 普通平键连接如何进行强度校核？
4. 图 5-1-1 中输出轴与齿轮之间的平键连接能否用销连接代替？销连接的类型又有哪些？

知识准备

一、常用键的类型、特点和应用

1. 平键

平键连接结构简单，装拆方便，对中性好，故应用很广泛。平键按用途分为普通平键、导向平键和滑键。

（1）普通平键

普通平键用于静连接，即轴与轮毂间无相对轴向移动。两侧面为工作面，靠键与槽的挤压和键的剪切传递扭矩。普通平键类型如图 5-1-2 所示。

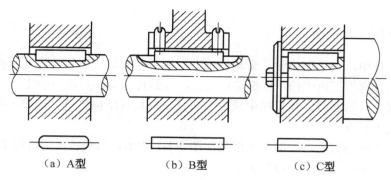

（a）A型　　　　　　（b）B型　　　　　　（c）C型

图 5-1-2　普通平键类型

A 型（常用）——圆头，键顶与毂不接触，两者之间有间隙。

B 型——常用螺钉固定。

C 型（端铣刀加工）——用于轴端与轮毂连接。

键槽采用盘铣刀或指状铣刀加工（图 5-1-3）。轮毂槽用拉刀或插刀加工。

（a）指状铣刀　　　　　　　　　（b）盘铣刀

图 5-1-3　键槽加工工具

（2）导向平键与滑键

这两种键用于动连接，即轴与轮毂之间有相对轴向移动的连接。

导向平键——键不动，轮毂轴向移动（图 5-1-4）。

滑键——键随轮毂移动（图 5-1-5）。

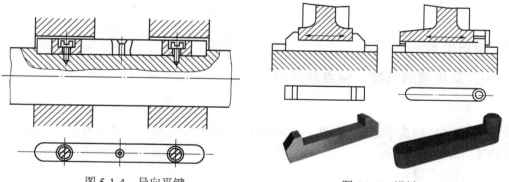

图 5-1-4　导向平键　　　　　　　　图 5-1-5　滑键

特点：装拆方便，对零件对中性无影响，容易制造，作用可靠，多用于高精度连接。但只能圆周固定，不能承受轴向力。

2．半圆键

半圆键也以两侧面作为工作面，因此与平键一样有较好的对中性（图 5-1-6）。由于键在轴上的键槽中能绕槽底圆弧的曲率中心摆动，因此能自动适应轮毂键槽底面的倾斜。

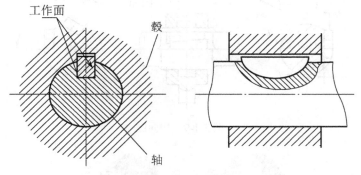

图 5-1-6 半圆键

特点： 工艺性好，装配方便，适用于锥形轴与轮毂的连接。

缺点： 键槽较深，轴槽对轴的强度削弱较大，只适宜轻载连接。

3. 楔键

楔键的上、下面为工作表面，有 1：100 的斜度（侧面有间隙），工作时打紧，靠上、下面摩擦传递扭矩，并可传递小部分单向轴向力（图 5-1-7 和图 5-1-8）。

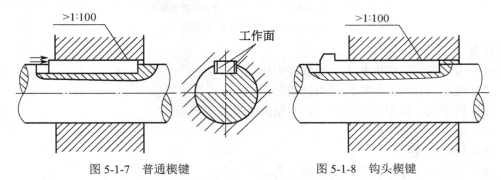

图 5-1-7 普通楔键   图 5-1-8 钩头楔键

楔键适用于低速轻载、精度要求不高的场合。对中性较差，力有偏心。不宜用于高速和精度要求高的连接，变载下易松动。钩头只用于轴端连接，如在中间用，键槽应比键长两倍才能装入，且要罩安全罩。

4. 切向键

切向键由两个斜度为 1：100 的楔键构成，上、下两面为工作面，布置在圆周的切向（图 5-1-9）。

工作原理：靠工作面与轴及轮毂相互挤压来传递扭矩。

5. 花键

多个键齿与键槽在轴和轮毂孔的周向均布即构成花键连接。花键齿侧面为工作面，适用于动、静连接（图 5-1-10）。

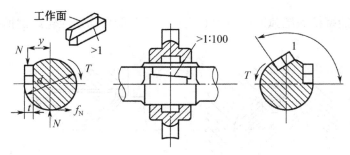

图 5-1-9　切向键

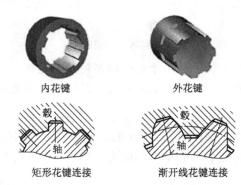

内花键　　　　　　　　　外花键

矩形花键连接　　　　　渐开线花键连接

图 5-1-10　花键及花键连接

特点：

（1）齿较多，工作面积大，承载能力较高；

（2）键均匀分布，各键齿受力较均匀；

（3）齿槽线、齿根应力集中小，对轴的强度削弱减少；

（4）轴上零件对中性好；

（5）导向性较好；

（6）加工须用专用设备、制造成本高。

二、平键连接的尺寸选择、标记和强度计算

1．平键连接的尺寸选择

（1）键的类型选择

键的类型应根据键连接的结构特点、使用要求和工作条件来选择。

（2）键的尺寸选择

键的主要尺寸为其截面尺寸（一般以键宽 b×键高 h 表示）与长度 L。键的截面尺寸 b×h 按轴的直径 d 由标准中选定，见表 5-1-1。键的长度 L 一般可按轮毂的长度确定，即键长等于或略小于轮毂的长度，并符合键的长度系列。而导向平键的长度则按零件所要滑动的距离确定。重要的键连接在确定了键的类型和尺寸后，还应进行强度校核计算。

表 5-1-1 普通平键和键槽的剖面尺寸

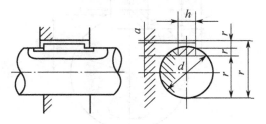

单位：mm

轴 的 直 径 d	键		键 槽	
	$b×h$	L	轴 t_1	毂 t_2
自 6～8	2×2	6～20	1.2	1
>8～10	3×3	6～36	1.8	1.4
>10～12	4×4	8～45	2.5	1.8
>12～17	5×5	10～56	3.0	2.3
>17～22	6×6	14～70	3.5	2.8
>22～30	8×7	18～90	4.0	3.3
>30～38	10×8	22～110	5.0	3.3
>38～44	12×8	28～140	5.0	3.3
>44～50	14×9	36～160	5.5	3.8
>50～58	16×10	45～180	6.0	4.3
>58～65	18×11	50～200	7.0	4.4
>65～75	20×12	56～220	7.5	4.9
>75～85	22×14	63～250	9.0	5.4
键长标准系列	6, 8, 10, 12, 14, 16, 18, 20, 22, 25, 28, 32, 36, 40, 45, 50, 56, 63, 70, 80, 90, 100, 110, 125, 140, 160, …			

注：在工作图中，轴槽深用 $d-t_1$ 或 t_2 标注，毂槽深用 $d+t_2$ 标注。

2．平键标记

平键标记的基本形式如下：

GB/T 1096—2003 键类型 $b×h×L$

普通 A 型平键可不标出类型。

例如："GB/T 1096—2003 键 B16×10×100"表示 $b=16$ mm、$h=10$ mm、$L=100$ mm 的普通 B 型平键。

3．平键的强度计算

键连接的失效形式有压溃、磨损和剪断。键为标准件，用于静连接的普通平键，主要失效形式是工作面被压溃；用于动连接的滑键、导向平键，主要失效形式是工作面磨损。通常按工作面上的最大挤压应力（动连接用最大压强）进行强度校核计算，如图 5-1-11 所示。

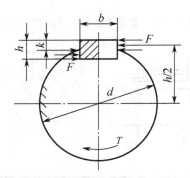

图 5-1-11　普通平键受力分析

由平键连接的受力分析可知，对于静连接有

$$\sigma_{\mathrm{p}} = \frac{4T}{dhl} \leqslant [\sigma_{\mathrm{P}}]$$

对于导向平键、滑键组成的动连接，计算依据是磨损，应限制压强，即

$$P = \frac{4T}{dhl} \leqslant [P]$$

式中，T——转矩（N·mm）；

d——轴的直径（mm）；

h——键的高度（mm）；

l——键的工作长度（mm）。对于 A 型键，$l = L - b$；对于 B 型键，$l = L$；对于 C 型键，$l = (L - b)/2$。

$[\sigma_{\mathrm{p}}]$——许用挤压应力（MPa）；

$[P]$——许用压强（MPa）。

键连接的许用应力和压强见表 5-1-2。

表 5-1-2　键连接的许用应力和压强　　　　　　　　　　　单位：MPa

许用值	连接工作方式	键或毂、轴的材料	载荷性质		
			静载荷	轻微载荷	冲击
$[\sigma_{\mathrm{p}}]$	静连接	钢	125～150	100～120	60～90
		铸铁	70～80	50～60	30～45
$[P]$	动连接	钢	50	40	30

三、销连接

除键连接之外，销连接也能够实现轴与轴上零件的连接。同时，销还可用来固定零件之间的相对位置，起定位作用，也可作为安全装置中的过载剪断元件，如图 5-1-12 所示。

销的基本类型有圆柱销和圆锥销两种，如图 5-1-12（a）、（b）所示，这两类销均已标准化。圆柱销利用少量过盈固定在销孔中，经过多次装拆后，连接的紧固性及精度降低，故只宜用于不常拆卸处。圆锥销有 1：50 的锥度，装拆比圆柱销方便，多次装拆对连接的紧固性及定位精度影响较小，因此应用广泛。

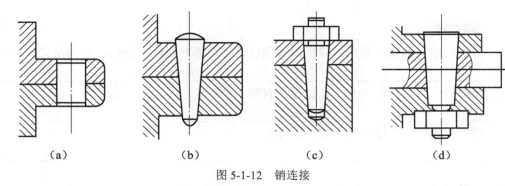

（a）　　　　　（b）　　　　　（c）　　　　　（d）

图 5-1-12　销连接

图 5-1-12（c）是大端具有外螺纹的圆锥销，便于装拆，可用于盲孔；图 5-1-12（d）是小端带外螺纹的圆锥销，可用螺母锁紧，适用于有冲击的场合。

🎨 任务实施

一、确定键的类型与尺寸

齿轮传动要求齿轮与轴对中性好，以免啮合不良，该连接属于静连接，因此选用普通平键（A 型）。

根据轴的直径 d=45mm，轮毂宽度为 60mm，查表得 $b = 14$mm，$h = 9$mm，$L = 56$mm，标记为"GB/T 1096—2003 键 14×9×56"（一般 A 型键可不标出"A"，对于 B 型或 C 型键须标为"键 B"或"键 C"）。

二、强度计算

由表 5-1-2 查得 $[\sigma_p] = 100$MPa，键的工作长度为

$$l = 56 - 14 = 42\text{mm}$$

则

$$\sigma_p = \frac{4T}{dhl} = \frac{4 \times 300 \times 10^3}{45 \times 9 \times 42} = 70.5\text{MPa} < [\sigma_p]$$

故此平键连接满足强度要求。

如果键连接强度计算不能满足强度要求，可采用以下措施。

（1）适当增加轮毂及键的长度。

（2）采用两个键按 180° 布置，如图 5-1-13 所示。

考虑到载荷分布的不均匀性，在强度校核中可按 1.5 个键计算。

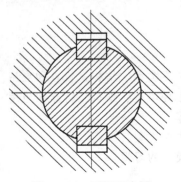

图 5-1-13　采用两个键

做一做

1．说出常用键连接的类型，并指出这些键连接中哪些是松键连接，哪些是紧键连接。

2．花键的应用场合有哪些？花键连接有哪些特点？

3．举例说明实际应用中轴系零件的连接。

任务评价

任务评价表见表 5-1-3。

表 5-1-3　销、键连接设计任务评价表

任务名称		姓　名		日　期	
序　号	评价内容		自评得分		互评得分
1	正确完成任务实施部分（共 40 分）				
2	正确完成"做一做"第 1、2 题（共 10 分）				
3	举例说明实际应用中轴系零件的连接（共 40 分）				
4	完成本任务的能力（自主完成）（共 10 分）				
教师评语（评分）					

任务拓展

请去本校的实训场所找出一处典型轴系零件的销、键连接，测量尺寸并进行强度计算。

任务 2　联轴器、离合器、制动器的选用

任务目标

1．了解联轴器的功用、主要类型、结构、特点和应用。
2．了解离合器的功用、主要类型、结构、特点和应用。
3．掌握联轴器转矩的计算。
4．了解制动器的功用和主要类型。
5．培养独立思考和动手操作的习惯。

任务分析

如图 5-2-1 所示，汽车发动机在车头的位置，而该车采用后轮驱动，前后距离较长，且前后位置高度不同，要想将动力由发动机传递到后轮，就必须用一个中间环节来实现发动机的输出与后轮毂（差速器）的输入连接，这个中间环节选用什么机构比较合适呢？

图 5-2-1 汽车底盘结构

汽车从启动到正常行驶的过程中，要经常换挡变速。为保持换挡时的平稳，减少冲击和振动，需要暂时断开发动机与变速箱的连接，待换挡变速后再逐渐接合（图 5-2-2）。显然，联轴器不能满足这种要求。需要采用一个合适的机构来满足要求，此种机构的功能类似于开关，能方便地接合或断开动力的传递，选用什么机构比较合适呢？

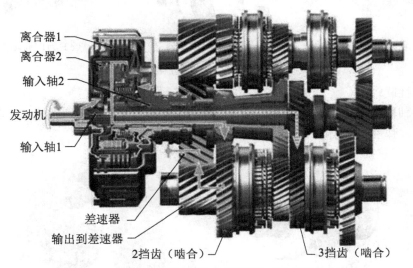

图 5-2-2 汽车变速箱齿轮啮合情况及离合器工作状态

思考

1. 联轴器的功用是什么？
2. 联轴器的类型有哪些？
3. 离合器的功用是什么？
4. 离合器的类型有哪些？

知识准备

一、常用联轴器

1. 联轴器的作用

联轴器用来连接两根轴或轴和回转件，使它们一起回转，传递转矩和运动。

在机器运转过程中，两轴或轴和回转件不能分开，只有在机器停止转动后，用拆卸的方法才能将它们分开。

有的联轴器还可以用做安全装置，保护被连接的机械零件不因过载而损坏。

2. 联轴器的类型

（1）刚性联轴器

这种联轴器对被连接两轴间的各种相对位移无补偿能力，故对两轴对中性的要求高。其类型有套筒联轴器、十字滑块联轴器、万向联轴器等（图 5-2-3）。

当两轴有相对位移时，会在结构内引起附加载荷。这类联轴器的结构比较简单。

（a）套筒联轴器　　　　（b）十字滑块联轴器　　　　（c）万向联轴器

图 5-2-3　刚性联轴器

（2）弹性联轴器

弹性联轴器运用平行或螺旋切槽系统来适应各种偏差和精确传递扭矩。其类型有弹性柱销联轴器、弹性套柱销联轴器等（图 5-2-4）。

（a）弹性柱销联轴器　　　　　（b）弹性套柱销联轴器

图 5-2-4　弹性联轴器

（3）安全联轴器

安全联轴器如图 5-2-5 所示。

图 5-2-5　安全联轴器

3．选择联轴器的型号与尺寸

选择了联轴器类型后，再根据转矩、轴径和转速，从手册或标准中选择联轴器的型号及尺寸。

考虑机器启动变速时的惯性力和冲击载荷等因素，应按计算转矩 T_c 选择联轴器。

计算转矩和工作转矩之间的关系为

$$T_c = KT$$

式中，T_c——计算转矩，单位为 N·m；

K——工作系数，随转矩、转速、冲击载荷等变化，见表 5-2-1；

T——工作转矩，单位为 N·m。

表 5-2-1　联轴器工作系数 K

动力机特征	工作机特征			
	载荷均匀和载荷变化较小	载荷变化并有中等冲击载荷	载荷变化并有严重冲击载荷	载荷变化并有特严重冲击载荷
电动机、汽轮机	1.3	1.7	2.3	3.1
四缸及四缸以上内燃机	1.5	1.9	2.5	3.3
双缸内燃机	1.8	2.2	2.8	3.6
单缸内燃机	2.2	2.6	3.2	1.0

二、离合器

1．离合器的作用

联轴器基本上属于固定连接，在机器运转时是不能随意脱开的（安全联轴器只是在过载时脱开，启动安全联轴器只是在启动、制动阶段和过载时脱开）；而离合器（图 5-2-6）可以根据需要在运转或停机时使两轴接合或分离，这是离合器与联轴器的根本区别。

图 5-2-6　离合器

2．离合器的类型、结构特点及应用

（1）牙嵌式离合器

如图 5-2-7 所示，牙嵌式离合器是用爪牙状零件组成嵌合副的离合器。其常用牙形有正三角形、正梯形、锯齿形、矩形。牙嵌式离合器结构简单，外廓尺寸小，两轴接合后不会发生相对移动，但接合时有冲击，只能在低速或停车时接合，否则凸牙容易损坏。

图 5-2-7　牙嵌式离合器

（2）摩擦离合器

如图 5-2-8 所示，摩擦离合器通过操纵机构可使摩擦片紧紧贴合在一起，利用摩擦力的作用，使主、从动轴连接。这种离合器需要较大的轴向力，传递的转矩较小，但在任何转速条件下，两轴均可以分离或接合，且接合平稳，冲击和振动小，过载时摩擦片之间打滑，起保护作用。为了提高离合器传递转矩的能力，可适当增加摩擦片的数量。

图 5-2-8　摩擦离合器

（3）特殊功用离合器

① 安全离合器。

如上述套筒离合器、摩擦离合器，它们在过载时，或销折断、或摩擦片打滑，都可以起到安全保护作用。

② 超越离合器。

如图 5-2-9 所示，超越离合器通过主、从动部分的速度变化或旋转方向的变化，发挥离合功能。超越离合器属于自控离合器，有单向和双向之分。

图 5-2-9　超越离合器

三、制动器

1. 制动器的作用

制动器是利用摩擦阻力矩降低机器运动部件的转速或使其停止运转的装置。

制动器必须满足的要求：能产生足够的制动力矩；结构简单，外形紧凑；制动迅速、平稳、可靠；制动器零件有足够的强度和刚度，制动带、鼓具有较强的耐磨性和耐热性；调整、维修方便。

2. 制动器的类型

常见的制动器类型有锥形制动器、带状制动器、蹄鼓制动器等，如图 5-2-10 所示。

图 5-2-10 锥形制动器

🎨**任务实施**

要想实现任务分析中所说的动力传递，中间的连接环节有传动轴和联轴器。联轴器是用来连接两轴，使其一同转动并传递转矩的装置。

结合汽车工作的实际状况，分析不同类型的联轴器，可以发现，只有万向联轴器可以实现两轴有角度的连接方式，有较大的角位移时仍然可以正常传递扭矩和动力。为使两轴同步转动，万向联轴器一般成对使用。请结合实际情况进行汽车联轴器转矩计算，并查表选择联轴器型号。

汽车在行驶过程中要实现前进、后退、加速、减速等运动转换，必须将之前的运动连接方式切断，再连接上别的运动和转矩传递机构。这个问题只能采用离合器来解决，离合器类似于开关，能方便地接合或断开动力的传递。请结合实际情况选择汽车变速器中离合器的型号。

📋**做一做** ● ● ● ●

1. 联轴器的作用和类型有哪些？

_____

2. 离合器的作用和类型有哪些？制动器的作用和类型有哪些？

_____

3. 结合实际应用，举例说明联轴器和离合器的使用场合。

_____

任务评价

任务评价表见表 5-2-2。

表 5-2-2 联轴器、离合器及制动器设计任务评价表

任务名称		姓名		日期	
序号	评价内容		自评得分		互评得分
1	正确完成任务实施部分（共 40 分）				
2	正确完成"做一做"第 1、2 题（共 10 分）				
3	举例说明实际应用中联轴器、离合器的使用场合（共 40 分）				
4	完成本任务的能力（自主完成）（共 10 分）				
教师评语（评分）					

任务拓展

请去本校的实训场所找出一台使用减速器的机器，观察并说出其采用的联轴器型号。

项目总结

1. 键主要用于轴和轴上的回转体零件之间的周向固定并传递转矩，有时也可作为导向零件。

2. 销连接是用销将两个零件连接在一起。主要用来定位，传递转矩和动力，以及作为安全装置中的被切断零件。

3. 联轴器主要用于连接不同机构中的两根轴，并传递运动和转矩。

4. 离合器连接的两根轴，在运转的过程中能随时分离和接合。

5. 制动器能降低机器的运转速度或使其停止运转。

思考与练习题

1. 什么是键连接？常用的键连接类型有哪些？

2. 生产中常用的销有哪些类型？

3. 联轴器和离合器在功用上有何区别和联系？

4. 凸缘联轴器、套筒联轴器、滑块联轴器和万向联轴器各有什么特点？各适用于什么场合？

5. 牙嵌式离合器、摩擦离合器和超越离合器各有什么使用特点？各适用于什么场合？

6. 制动器的功用是什么？常见制动器有哪几种？制动器一般安装在高速轴上，为什么？

项目 6 分析常用机械支撑件

项目目标

1. 了解轴的功用、类型、结构形式、常用材料及应用。
2. 掌握轴和轴上零件的固定方法。
3. 掌握轴径的初步估算方法、不同类型的轴的强度计算和轴的结构设计的一般方法。
4. 了解滚动轴承的类型、代号、特点及应用。
5. 了解滑动轴承的特点、主要结构及应用。
6. 能根据轴承的工作情况，正确选择滚动轴承的类型。
7. 培养自主学习、分析问题、解决问题的能力，养成独立思考和动手操作的习惯。

项目描述

轴是组成机器的主要零件之一。在机器运转过程中，其内部做回转运动的零件（如齿轮、蜗轮等）必须安装在轴上才能实现运动及动力的传递，大多数轴本身还起着传递转矩的作用。在实际中，轴的种类有哪些？

轴是非标准件，每一根不同用途的轴都需要设计，轴的设计和其他零件的设计相似，包括结构设计和工作能力计算两方面。轴的结构设计具体需要考虑哪些内容？轴的工作能力计算又需要校核哪些参数？

在实际中，由于轴工作时产生的应力多为变应力，所以轴的失效形式一般为疲劳断裂。因此，轴的材料应有足够的疲劳强度、较小的应力集中敏感性，同时还必须满足刚度、耐磨性、耐腐蚀性要求，并具有良好的加工工艺性。在轴的设计中，轴的常用材料有哪些？

轴承用来支承轴及轴上零部件，并承受其载荷，保证轴的旋转精度，减少转轴与支承之间的摩擦和磨损。在实际中，轴承的种类有哪些？各有什么特点？

滚动轴承的应用非常广泛，滚动轴承的类型有哪些？其性能和应用情况有什么不一样？在实际应用中，应如何合理选用滚动轴承？

任务 1 轴的结构设计及应用

任务目标

1．知识目标

（1）了解轴的功用、类型、结构形式、常用材料及应用。

（2）能说出轴和轴上零件的固定方法。

（3）掌握轴径的初步估算方法、不同类型的轴的强度计算和轴的结构设计的一般方法。

2．能力目标

能根据要求正确设计轴。

3．素质目标

（1）培养独立思考和动手操作的习惯。

（2）培养自主学习的能力。

（3）培养分析问题和解决问题的能力。

任务分析

轴是机器中最基本和最重要的零件之一。很多回转零件如汽车车轮、钟表指针齿轮与带轮等都要依靠轴的支承来实现一定的功能。

试一试

1. 请找出图 6-1-1 中轴的错误结构。

2. 如图 6-1-2 所示，轴传递功率为 30kW，转速 $n = 970$r/min，材料为 45 钢，齿轮和联轴器的宽度均为 60mm，采用深沟球轴承。试设计轴的结构和尺寸。

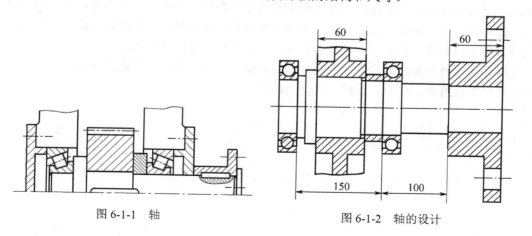

图 6-1-1 轴

图 6-1-2 轴的设计

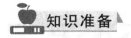 知识准备

一、轴的分类和应用

按照轴线形状的不同，可以把轴分为直轴、曲轴和软轴 3 类，见表 6-1-1。

表 6-1-1 轴的分类和应用

分 类		图 例	特 点	应 用 举 例
直轴	光轴		形状简单，加工方便，但轴上零件不易定位	微型电动机
	阶梯轴		各截面直径变化，适合于零件的安装与固定，应用最广	减速器、机床、汽车
曲轴			可实现旋转运动和直线往复运动的相互转换	内燃机、曲柄压力机
软轴			可以把回转运动灵活地传到任何位置	振捣器、医疗设备

按照所受载荷的不同，又可将直轴分为心轴、转轴和传动轴 3 类，见表 6-1-2。

表 6-1-2 直轴的分类和应用

分 类	图 例	受 载 变 形	应 用 举 例
心轴		只受弯曲作用，不发生扭转	自行车的前轮轴、火车轮轴
转轴		同时承受弯曲和扭转两种作用	减速器轴、自行车的中轴

续表

分 类	图 例	受 载 变 形	应 用 举 例
传动轴		只受扭转而不受弯曲作用或弯曲很小	汽车传动轴

二、轴的材料

轴大多受到重复性的变载荷作用，其失效形式主要是疲劳破坏。因此，轴的材料应具有一定的疲劳强度，对应力集中的敏感性低，满足刚度和耐磨性要求，具有良好的切削加工性能。轴的常用材料见表 6-1-3。

表 6-1-3 轴的常用材料

类 型	特 点
碳素钢	价格低，对应力集中不敏感，通过热处理可获得良好的机械性能，应用最广泛、最常用的为 45 钢
合金钢	具有较好的机械性能，多用于对强度、耐磨性、尺寸、重量、工作温度等有特殊要求的轴，最常用的为 40Cr
球墨铸铁	具有良好的工艺性，不需要锻压设备，吸振性好，对应力集中的敏感性低，广泛应用于各种曲轴

三、轴的结构设计

1. 轴的结构设计内容

轴的结构设计包括：
（1）确定轴的合理外形；
（2）确定轴的全部结构尺寸。

2. 轴的结构设计要求

轴的结构设计应满足以下三个方面的要求。
（1）轴上零件要可靠定位和固定。
（2）轴上零件要便于安装和拆卸。
（3）轴的工艺性要好，应便于加工并尽量减少应力集中等。

3. 轴的典型结构

轴的典型结构，如图 6-1-3 所示。

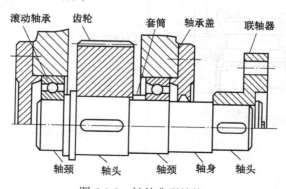

图 6-1-3 轴的典型结构

轴头：安装回转零件的部分，如带轮、齿轮等。

轴颈：安装轴承的部分。

轴身：用来连接轴头和轴颈的部分。

轴肩或轴环：轴径有变化的部分。

4. 拟定轴上零件的装配方案

轴的结构设计的前提是拟定轴上零件的装配方案，其决定着轴的基本形式。装配方案用于预定轴上主要零件的装配方向、顺序和相互关系。

（1）轴上零件的定位和固定

相关内容见表 6-1-4 和表 6-1-5。

表 6-1-4　轴上零件的轴向定位和固定

定位名称	图例	特点	注意事项
轴肩		优点：固定可靠，能承受较大轴向力 缺点：使轴的直径增大，容易引起应力集中，加工不便	1. 定位轴肩的高度一般为 $h = (0.07 \sim 0.1)d$。d 为与零件相配处的轴的直径 2. 轴上零件为滚动轴承时，轴承的定位轴肩高度必须小于轴承内圈端面的高度 3. 非定位轴肩是为了加工和装配方便而设置的，取 $1 \sim 2$mm 4. 要求轴段的圆角半径 r 应小于零件内孔的半径 R 或倒角 C 5. 轴环宽度 b 一般为 $(1 \sim 1.5)h$，如下图所示
套筒		用于轴中部，两个零件相距较近的场合（距离较大或转速过高不宜采用）	要求轴段的长度 L 比轮毂的宽度 B 小 $1 \sim 3$mm
圆螺母		用于两个零件相距较远的场合	要求轴段的长度 L 小于轮毂的宽度 B

续表

定位名称	图例	特点	注意事项
轴端挡圈	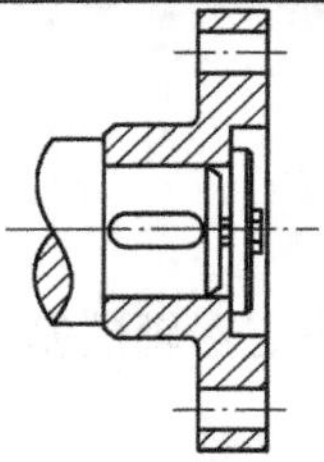	用于轴端零件的固定	要求轴段的长度 L 小于轮毂的宽度 B
弹性挡圈	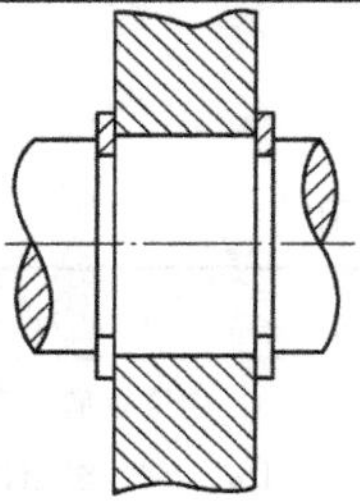	用于零件受力较小的场合	—
紧定螺钉	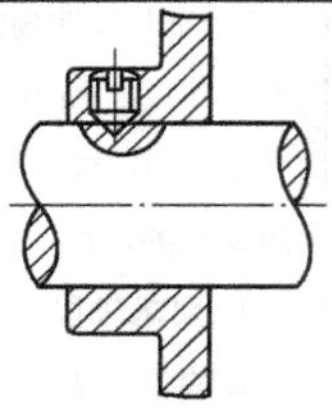	用于零件受力较小的场合，紧定螺钉能同时起到周向固定作用	—

表 6-1-5　轴上零件的周向定位和固定

定位名称	图例	特点
键连接	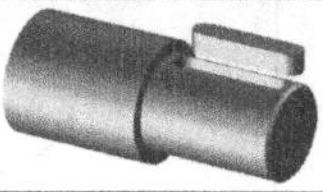	实现轴与轴上零件（如齿轮、带轮等）之间的周向固定，并传递运动和扭矩
花键连接		多齿承载，承载能力强；齿浅，对轴的强度削弱小；对中性及导向性能好；加工须用专用设备，成本高
销连接	 圆柱销  圆锥销  开口销	固定零件间的相对位置，用于轴与毂的连接或其他零件的连接，也可用做安全装置中的过载剪断零件

续表

定位名称	图例	特点
过盈配合	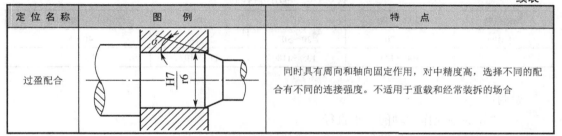	同时具有周向和轴向固定作用，对中精度高，选择不同的配合有不同的连接强度。不适用于重载和经常装拆的场合

（2）轴的加工和装配工艺性

① 车制螺纹的轴段应有退刀槽，需要磨削的轴段应有砂轮越程槽，如图 6-1-4、图 6-1-5 所示。

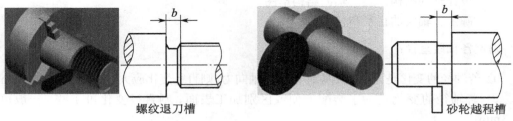

图 6-1-4　螺纹退刀槽　　　　　　　图 6-1-5　砂轮越程槽

② 轴上有多处键槽时，应使各键槽位于轴的同一母线上，且尺寸尽量统一，如图 6-1-6 所示。

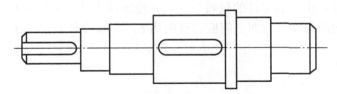

图 6-1-6　轴上键槽设置在同一母线上

③ 阶梯轴常设计成中间大、两端小，便于拆装，且轴端应有倒角。

④ 为减少应力集中，轴径变化处应有过渡圆角。

⑤ 轴上各段的圆角半径和倒角尺寸应尽量统一。

5. 轴的结构设计方法

（1）按扭转强度估算轴的直径（单位为 mm）

$$d \geq A \cdot \sqrt[3]{\frac{P}{n}}$$

式中，P——轴所传递的功率，单位为 kW；

n——轴的转速，单位为 r/min；

A——与材料有关的系数，见表 6-1-6。

表 6-1-6　常用材料的 A 值

轴的材料	Q235，20	35	45	40Cr，35SiMn
[τ]/MPa	12～20	20～30	30～40	40～52
A	160～135	135～118	118～107	107～98

说明：

① 估算的轴径作为轴的最小直径；

② 若该轴段要安装标准件，应将计算值圆整成相应标准值；

③ 对于设有键槽的轴，应增大直径以补偿键槽对轴的影响：单键时轴径增大 3%～5%，双键（同一截面）时轴径增大 7%～10%；

④ 当作用在轴上的弯矩较小时，A 取较小值；反之，取较大值。

（2）设计轴的结构，画出轴的结构草图

（3）确定各轴段的直径和长度

确定各轴段直径：

① 若轴径的变化是为了固定零件或承受轴向力，则直径变化应大些，一般可取 6～8mm；

② 若轴径的变化是为了装配方便或区别加工表面，则直径变化可小些，一般可取 1～3mm；

③ 当轴段装有滚动轴承、联轴器等标准件时，轴径应取相应的标准值。

确定各轴段长度：

各轴段的长度是由所装零件的轮毂的位置和宽度决定的。采用轴套、圆螺母、轴端挡圈固定时，轴的端面与零件端面之间应留有距离 L，一般可取 1～3mm。

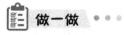

任务实施

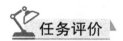

做一做 ● ● ● ●

1. 请找出图 6-1-1 中轴的错误结构。

2. 如图 6-1-2 所示，轴传递功率为 30kW，转速 n = 970r/min，材料为 45 钢，齿轮和联轴器的宽度均为 60mm，采用深沟球轴承。试设计轴的结构和尺寸。

任务评价

任务评价表见表 6-1-7。

表 6-1-7 轴的结构设计及应用任务评价表

任 务 名 称			姓　名		日　期	
序　号	评 价 内 容			自 评 得 分		互 评 得 分
1	正确完成任务实施部分第 1 题（共 30 分）					
2	正确设计并完成任务实施部分第 2 题（共 50 分）					
3	参与本任务的积极性（共 10 分）					
4	完成本任务的能力（自主完成）（共 10 分）					
教师评语（评分）						

任务拓展

已知图 6-1-7 中最小轴段的直径为 30mm，试确定其他各轴段的直径。

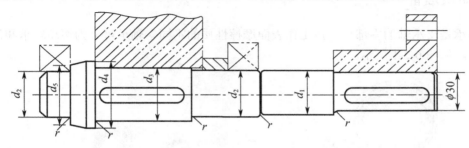

图 6-1-7　轴

任务 2　轴承的选用

任务目标

1. 知识目标

（1）了解滚动轴承的类型、代号、特点及应用。

（2）了解滑动轴承的特点、主要结构及应用。

2. 能力目标

能根据滚动轴承的工作情况，正确选择滚动轴承的类型。

3. 素质目标

（1）培养独立思考和动手操作的习惯。

（2）培养自主学习的能力。

（3）培养分析问题和解决问题的能力。

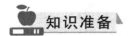

任务分析

人们使用电风扇时，扇叶转动得轻快而没有噪声，正是因为轴承在其中起了关键性的作用。在机器中，轴承的作用是支承轴和轴上的零件，减少摩擦和磨损，保证轴的旋转精度。轴承的性能直接影响机器的使用性能。所以，轴承是机器的重要组成部分。

试一试

1. 下列轴承代号表示的内容是什么？它们应用在哪些场合？

51208，7208，32314，6310/P5，7210B

2. 轴承分为滚动轴承和滑动轴承，它们之间有什么区别？

3. 请至少举一个例子说明滚动轴承在实际生活中的应用，并说出轴承的类型，分析为何选择该类型轴承。

知识准备

轴承是支承轴的零部件。按工作表面摩擦性质的不同，轴承可分为滚动轴承和滑动轴承两类，如图 6-2-1 所示。

（a）滚动轴承　　　　　　　　　　（b）滑动轴承

图 6-2-1　轴承

一、滚动轴承的结构

滚动轴承的基本结构如图 6-2-2 所示，主要由外圈、内圈、滚动体和保持架组成。滚动体位于内、外圈的滚道之间，常见滚动体的形状如图 6-2-3 所示。内圈用来和轴颈装配，外圈用来和轴承座装配。当内、外圈相对转动时，滚动体即在内、外圈滚道间滚动。保持架的主要作用是均匀地隔开滚动体。滚动轴承的内圈、外圈和滚动体，一般采用铬轴承钢 GCr15、GCr15SiMn 制造，热处理后硬度不低于 61HRC。保持架多用低碳钢冲压制成，也有用黄铜、塑料等制成实体式的。

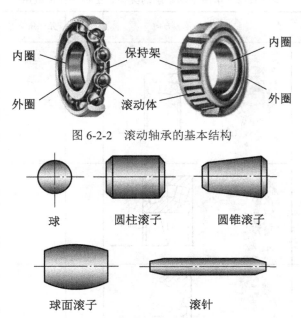

图 6-2-2　滚动轴承的基本结构

内圈　保持架　内圈
外圈　滚动体　外圈

球　　圆柱滚子　　圆锥滚子

球面滚子　　　滚针

图 6-2-3　常见滚动体的形状

二、滚动轴承的主要类型和特点

滚动体和外圈接触处的法线与径向平面（垂直于轴承轴心线的平面）之间所夹的锐角称为接触角 α，见表 6-2-1。接触角越大，轴承的轴向承载能力越强。

滚动轴承按轴承承受载荷的方向或公称接触角的不同，可分为向心轴承和推力轴承。向心轴承主要承受径向载荷，推力轴承主要承受或只承受轴向载荷。

表 6-2-1　各类滚动轴承的公称接触角

轴承种类	向 心 轴 承		推 力 轴 承	
	径 向 轴 承	角 接 触	径 向 轴 承	角 接 触
接触角 α	$\alpha = 0°$	$0° < \alpha \leqslant 45°$	$45° < \alpha < 90°$	$\alpha = 90°$
图例				

按滚动体形状的不同，滚动轴承又可分为球轴承和滚子轴承。

常用滚动轴承的类型、主要特性及应用见表 6-2-2。

表 6-2-2　常用滚动轴承的类型、主要特性及应用

轴承名称、类型及代号	结构简图及承载方向	极限转速	允许角偏差	主要特性和应用
调心球轴承 10000		中	2°～3°	主要承受径向载荷，同时也能承受少量的轴向载荷。因为外圈滚道表面是以轴承中点为圆心的球面，故可自动调心
调心滚子轴承 20000C		低	0.5°～2°	与调心球轴承相似，主要承受径向载荷，也能承受少量的轴向载荷，承载能力强，可自动调心
圆锥滚子轴承 30000		中	2′	能同时承受较大的径向、轴向载荷，因是线接触，承载能力大于"7"类轴承。内、外圈可分离，装拆方便，成对使用
推力球轴承 50000		低	不允许	因 α = 90°，只能承受轴向载荷，而且载荷作用线必须与轴线相重合，不允许有角偏差，有两种类型：单向——承受单向推力，双向——承受双向推力。高速时，因滚动体离心力大，球与保持架摩擦发热严重，寿命较低，可用于轴向载荷大、转速不高之处
深沟球轴承 60000		高	8′～16′	能同时承受径向和一定的双向轴向载荷。高速时可代替推力轴承。价格便宜，使用最广泛

续表

轴承名称、类型及代号	结构简图及承载方向	极限转速	允许角偏差	主要特性和应用
角接触球轴承 70000C（$\alpha=15°$），70000A（$\alpha=25°$），70000B（$\alpha=40°$）		较高	2′～10′	能同时承受径向和单向轴向载荷。接触角 α 有 15°、25° 和 0° 三种，接触角大的承受轴向载荷能力强。一般成对使用，可以分装于两个支点或同装于一个支点上
推力圆柱滚子轴承 80000		低	不允许	只能承受较大的单向轴向载荷，轴向刚度大
圆柱滚子轴承 N0000		较高	2′～4′	能承受较大的径向载荷，不能承受轴向载荷。因是线接触，内、外圈只允许有极小的相对偏转。除在图所示外圈无挡边（N）结构外，还有内圈无挡边（NU）、外圈单挡边（NF）、内圈单挡边（NJ）等结构形式
滚针轴承 NA0000，RNA0000	NA 型	低	不允许	只能承受径向载荷，承载能力强，径向尺寸较小，一般无保持架，因而滚针间有摩擦，轴承极限转速低。这类轴承不允许有角偏差

三、滚动轴承的代号

滚动轴承的类型很多，而各类轴承又有不同的结构、尺寸、公差等级和技术要求等，为便于组织生产和选用，国家标准规定了滚动轴承的代号。滚动轴承的代号由基本代号、前置代号和后置代号构成，其排列顺序见表 6-2-3。

表 6-2-3　滚动轴承代号的排列顺序

前置代号	基本代号					后置代号							
轴承的分部件代号	五	四	三	二	一	内部结构代号	密封与防尘结构代号	保持架及其材料代号	特殊轴承材料代号	公差等级代号	游隙代号	多轴配置代号	其他代号
	类型代号	尺寸系列代号		内径代号									
		宽度系列代号	直径系列代号										

1. 基本代号

基本代号表示轴承的基本类型、结构和尺寸，一般由轴承类型代号、尺寸系列代号和内径代号构成。

基本代号左起第一位为类型代号，用数字或字母表示。代号为"0"（双列深沟球轴承）则省略。

尺寸系列代号由轴承的宽（高）度系列代号和直径系列代号组合而成。向心轴承和推力轴承的常用尺寸系列代号见表 6-2-4。

表 6-2-4　向心轴承和推力轴承的常用尺寸系列代号

直径系列代号		向心轴承			推力轴承	
		宽度系列代号			高度系列代号	
		（0）	1	2	1	2
		窄	正常	宽	正常	
		尺寸系列代号				
0	特轻	（0）0	10	20	10	—
1		（0）1	11	21	11	
2	轻	（0）2	12	22	12	22
3	中	（0）3	13	23	13	23
4	重	（0）4	—	24	14	24

注：表中括号内数字在组合代号中省略不标。

内径代号表示轴承公称内径尺寸，用两位数字表示，见表 6-2-5。

表 6-2-5　滚动轴承的内径代号

内径代号	00	01	02	03	04～99
轴承内径尺寸/mm	10	12	15	17	数字×5

注：内径为 22mm、28mm、32mm 以及大于或等于 500mm 的轴承，内径代号直接用内径毫米数来表示，但标注时与尺寸系列代号之间用"/"分开。

2. 前置代号

前置代号用字母表示成套轴承的分部件，其代号及含义可参阅 GB/T 272—1993。

3. 后置代号

后置代号用字母（或字母加数字）表示，置于基本代号右边，两者之间空半个汉字距离或用"−"、"/"分隔。滚动轴承后置代号排列顺序见表 6-2-6。

表 6-2-6　滚动轴承后置代号排列顺序

后置代号（组）	1	2	3	4	5	6	7	8
含义	内部结构	密封与防尘、套圈变形	保持架及其材料	轴承材料	公差等级	游隙	配置	其他

（1）内部结构代号

内部结构代号是以字母表示轴承内部结构的变化情况。例如，角接触球轴承有三种不同的公称接触角，其内部结构代号分别如下。

① 公称接触角 $\alpha = 15°$ 时标注为 7210C。

② 公称接触角 $\alpha = 25°$ 时标注为 7210AC。

③ 公称接触角 $\alpha = 40°$ 时标注为 7210B。

（2）公差等级代号

滚动轴承的公差等级分为六级，其代号用"P+数字"表示，数字代表公差等级，详见表 6-2-7。

表 6-2-7　公差等级代号

代号	/P0	/P6	/P6x	/P5	/P4	/P2
公差等级	0 级	6 级	6x 级	5 级	4 级	2 级
说明	普通精度，"/P0"在轴承代号中省略不标	精度高于0 级	精度高于 0 级，仅适用于圆锥滚子轴承	精度高于 6 级和 6x 级	精度高于 5 级	精度高于 4 级

（3）游隙代号

游隙是指轴承内、外圈之间的相对极限移动量。游隙代号用"C+数字"表示，数字为游隙组号。游隙组有 1、2、0、3、4、5 六组，游隙量按顺序由小到大排列。

滚动轴承代号示例如下。

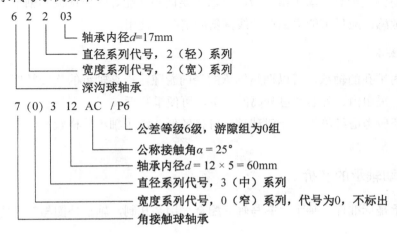

四、滚动轴承类型的选择

滚动轴承类型很多，选用时应综合考虑轴承载荷、转速及调心性能要求等，尽可能做到经济合理且满足使用性能。在选择时可参考以下原则。

1. 轴承载荷

轴承所受载荷的大小、方向和性质，是选择轴承类型的主要依据。当载荷较大时，应选用线接触的滚子轴承。球轴承为点接触，适用于轻载及中等载荷。有冲击载荷时，应选用滚子轴承。对于纯轴向载荷，选用推力轴承；对于纯径向载荷，选用向心轴承。在既有径向载荷又有轴向载荷的地方，若轴向载荷相对较小，可选用向心角接触轴承或深沟球轴承；当轴向载荷很大时，可选用向心球轴承和推力轴承的组合结构。

在同样的外形尺寸下，滚子轴承的承载能力大于球轴承，故大载荷时选用滚子轴承。当 $d \leqslant 20\,mm$ 时，两者承载能力接近，因滚子轴承贵，宜采用球轴承。

2. 轴承转速

（1）球轴承比滚子轴承的极限转速高，应优先选用球轴承。

（2）在高速时，宜选用超轻、特轻及轻系列的轴承。内径相同时，外径越小，滚动体就越轻小，产生的离心惯性力也越小。

（3）保持架的材料对轴承转速影响极大，实体保持架比冲压保持架允许有更高的转速。

（4）推力轴承的极限转速很低，当工作转速高时，若轴向载荷不是很大，可以采用角接触球轴承来承受纯轴向力。

（5）若工作转速超过了轴承样本，可以采用提高公差等级、适当增大游隙、选用循环冷却等方法。

3. 滚动轴承的调心性能

轴承由于安装误差或轴的变形等都会引起内、外圈中心线发生相对倾斜，其倾斜角称为角偏差。角偏差影响轴承正常运转，所以需要调心性能好时应选调心轴承。滚针轴承对轴线倾斜最敏感，应尽可能避免在轴线倾斜的情况下使用。

4. 装拆要求

采用带内锥孔的轴承，可以调整轴承的径向游隙，提高轴承的旋转精度，同时便于在长轴上安装；采用内、外套圈可分离的轴承，可便于装拆。

此外，还应考虑经济性。一般球轴承价格较低，滚子轴承价格较高。同类型的轴承其精度越高，价格越高。

五、滚动轴承的装拆

滚动轴承是标准件，轴承内圈与轴的配合采用基孔制，轴承外圈与轴承座孔的配合采用基轴制。

轴承的安装应根据轴承结构、尺寸大小和轴承部件的配合性质而定，压力应直接加在紧配合的套圈端面上，不得通过滚动体传递压力。安装滚动轴承的常用方法有压入法、锤击法、温差法等。

1. 压入法

压入安装一般利用压力机，也可利用螺栓和螺母。轴承内圈与轴是紧配合，外圈与壳体为较松配合，可用压力机将轴承先压装在轴上，然后将轴连同轴承一起装入壳体中，压装时在轴承端面上垫一个软金属材料的装配套管（铜管或软钢管）。装配套管的内径应比轴颈直径略大，外径应小于轴承内径的挡边直径，以免压在保持架上。大批安装轴承时可在套管上加一手柄。压入法适用于中、小型轴承。

2. 锤击法

在缺少或不能使用压力机的地方，可以用装配套管和小锤安装轴承。锤击力应均匀地传到轴承套圈端面的整个圆周上，因此装配套管受锤击的端面应制成球形。

3. 温差法

安装轴承所需要的力与轴承尺寸和配合过盈量的大小有关，对于过盈量较大的中、大型轴承常用热装的方法。热装前把轴承或可分离的轴承套圈放入油箱或专用加热器中均匀加热至 80～100℃（不应超过 100℃）。当轴承从加热油箱或加热器中取出后，应立即用干净的布（不能用棉纱）擦去轴承表面的油迹和附着物，然后放在配合表面的前方，在一次操作中将轴承推到顶住轴肩的位置。在冷却过程中应始终推紧，或用小锤通过装配套管轻敲轴承使其靠紧。安装时应略微旋动轴承，以防安装倾斜或卡死。

滚动轴承的拆卸方法有锤击法、拉出法、推压法、热拆法等，如图 6-2-4、图 6-2-5 所示。

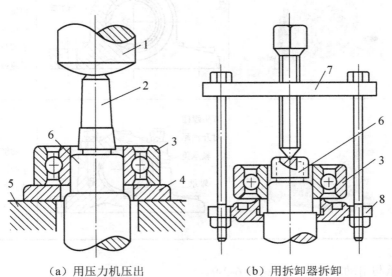

（a）用压力机压出　　　　　（b）用拆卸器拆卸

1—压力机头；2—芯棒；3—滚动轴承；4—衬垫；

5—架子；6—轴；7—双拉杆拆卸器；8—专用衬圈

图 6-2-4　用专用器具拆卸轴承

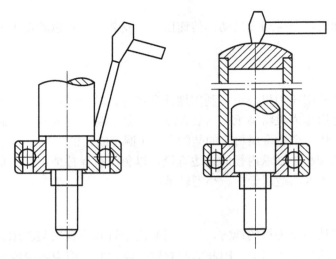

图 6-2-5　用锤击法拆卸轴承

六、滑动轴承

　　根据所受载荷方向的不同，滑动轴承可分为径向滑动轴承、止推滑动轴承和径向止推滑动轴承 3 种主要形式。常用的径向滑动轴承主要有整体式和剖分式两种，见表 6-2-8。

表 6-2-8　径向滑动轴承的类型和结构

类　　型	实 物 图 例	结 构 组 成	特点及应用
整体式		轴瓦　轴承座	结构简单，价格低廉，但轴的装拆不方便，磨损后轴承的径向间隙无法调整。适用于轻载、低速或间歇工作的场合
剖分式		双头螺柱　对开轴瓦　轴承盖　轴承座	装拆方便，磨损后轴承的径向间隙可以调整，应用较广

　　滚动轴承与滑动轴承的区别见表 6-2-9。

表 6-2-9　滚动轴承与滑动轴承的区别

类　型	优　点	缺　点	应　用
滚动轴承	1. 摩擦阻力小，功率消耗小，效率高，易启动 2. 内部间隙小，回转精度高，工作稳定，可以通过预紧来提高刚度 3. 润滑简便，易于维护和密封 4. 结构紧凑，重量轻，轴向尺寸小于同轴颈尺寸的滑动轴承 5. 尺寸标准化，互换性好，便于安装和拆卸，维修方便	1. 抗冲击能力较差，寿命较短 2. 高速时噪声大 3. 安装精度要求高，位于长轴中部的轴承安装困难 4. 与滑动轴承相比，径向尺寸偏大	滚动轴承是机械的主要支承形式，应用越来越广泛
滑动轴承	1. 寿命长，适用于高速场合 2. 承载能力强且能承受冲击和振动载荷 3. 运转精度高，工作平稳，噪声小 4. 结构紧凑，径向尺寸小	1. 摩擦系数较高，摩擦损失大，启动较费力 2. 轴瓦须经常更换，润滑及维护要求较高，维护成本大	主要应用于低速、重载、精度高或冲击载荷较大的场合，也用在有特殊装配工艺要求或工作条件的场合

任务实施

做一做

1. 下列轴承代号表示的内容是什么？它们应用在哪些场合？

51208，7208，32314，6310/P5，7210B

_____

_____

_____

2. 轴承分为滚动轴承和滑动轴承，它们之间有什么区别？

_____

_____

3. 请至少举一个例子说明滚动轴承在实际生活中的应用，并说出轴承的类型，分析为何选择该类型轴承。

_____

_____

任务评价

任务评价表见表 6-2-10。

表 6-2-10　轴承的选用任务评价表

任务名称		姓　名		日　期	
序　号	评价内容	自评得分		互评得分	
1	正确完成任务实施部分第 1 题和第 2 题（共 40 分）				
2	正确设计并完成任务实施部分第 3 题（共 40 分）				
3	参与本任务的积极性（共 10 分）				
4	完成本任务的能力（自主完成）（共 10 分）				
教师评语（评分）					

项目总结

　　本项目主要介绍了轴和轴承的基本知识。通过本项目的学习，旨在引领学习者认识轴和轴承，了解轴和轴承在实际生活和生产中的应用。在学习的过程中，学习者可以借助工具书或网络资源查找相关信息，也可以通过小组合作的形式完成本项目的学习。

思考与练习题

一、选择题

1. 工作时承受弯矩并传递扭矩的轴，称为（　　　）。
　　A. 心轴　　　　　　B. 转轴　　　　　　C. 传动轴
2. 工作时只受弯矩，不传递扭矩的轴，称为（　　　）。
　　A. 心轴　　　　　　B. 转轴　　　　　　C. 传动轴
3. 工作时以传递扭矩为主，不承受弯距或弯距很小的轴，称为（　　　）。
　　A. 心轴　　　　　　B. 转轴　　　　　　C. 传动轴
4. 自行车轮的轴是（　　　）。

　　A. 心轴　　　　　　B. 转轴　　　　　　C. 传动轴
5. 自行车当中链轮的轴是（　　　）。
　　A. 心轴　　　　　　B. 转轴　　　　　　C. 传动轴
6. 汽车下部，由发动机、变速器通过万向联轴器带动后轮差速器的轴，是（　　　）。
　　A. 心轴　　　　　　B. 转轴　　　　　　C. 传动轴
7. 后轮驱动的汽车，支持后轮的轴是（　　　）。
　　A. 心轴　　　　　　B. 转轴　　　　　　C. 传动轴
8. 后轮驱动的汽车，其前轮的轴是（　　　）。
　　A. 心轴　　　　　　B. 转轴　　　　　　C. 传动轴

9. 桥式起重机下方，由电动机通往减速器，带动大车行走轮的轴是（　　）。

　　A. 心轴　　　　　　B. 转轴　　　　　　C. 传动轴

10. 铁路车辆的车轮轴是（　　）。

　　A. 心轴　　　　　　B. 转轴　　　　　　C. 传动轴

11. 最常用来制造轴的材料是（　　）。

　　A. 20 钢　　　　　B. 45 钢　　　　　C. 40Cr 调质钢　　　D. 38CrMoAlA 钢

12. 设计承受很大载荷的轴，宜选用的材料是（　　）。

　　A. A5 钢　　　　　B. 45 号正火钢　　　C. 40Cr 调质钢　　　D. QT50—1.5 铸铁

13. 设计一根齿轮轴，材料采用 45 钢，两支点用向心球轴承来支承，验算时发现轴的刚度不够，这时应（　　）。

　　A. 把球轴承改为滚子轴承　　　　　　B. 把滚动轴承改为滑动轴承

　　C. 换用合金钢来制造轴　　　　　　　D. 适当增大轴的直径

14. 减速器轴上的各零件中，（　　）的右端是用轴肩来进行轴向定位的。

　　A. 齿轮　　　　　　B. 左轴承　　　　　C. 右轴承　　　　　D. 半联轴器

15. 轴环的用途是（　　）。

　　A. 作为轴加工时的定位面　　　　　　B. 提高轴的强度

　　C. 提高轴的刚度　　　　　　　　　　D. 使轴上零件获得轴向固定

16. 当轴上安装的零件要承受轴向力时，采用（　　）来进行轴向定位，所能承受的轴向力较大。

　　A. 圆螺母　　　　　B. 紧定螺母　　　　C. 弹性挡圈

17. 若套装在轴上的零件轴向位置需要任意调节，常用的周向固定方法是（　　）。

　　A. 键连接　　　　　B. 销钉连接　　　　C. 加紧螺栓连接　　　D. 紧配合连接

18. 增大轴在剖面过渡处的圆角半径，其优点是（　　）。

　　A. 使零件的轴向定位比较可靠

　　B. 降低应力集中，提高轴的疲劳强度

　　C. 使轴的加工方便

19. 在轴的初步计算中，轴的直径是按（　　）来初步确定的。

　　A. 弯曲强度　　　　　　　　　　　　B. 扭转强度

　　C. 轴段的长度　　　　　　　　　　　D. 轴段上零件的孔径

二、综合题

1. 改正下图中序号所指的结构有错的地方。

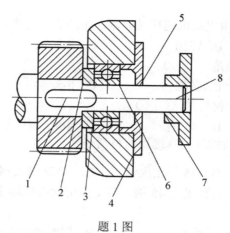

题 1 图

2．滚动轴承的主要类型有哪些？各有什么特点？

3．下列各轴承的内径有多大？哪个轴承的公差等级最高？哪个允许的极限转速最高？哪个承受径向载荷能力最大？哪个不能承受径向载荷？

6208/P2，30208，5308/P6，N2208

4．滚动轴承是如何安装和拆卸的？

项目 **7** 分析齿轮传动

项目目标

1. 了解齿轮传动的分类和应用特点。
2. 掌握渐开线的形成及性质。
3. 能计算标准直齿圆柱齿轮的基本尺寸。
4. 了解其他常用齿轮传动的应用特点。
5. 了解齿轮的加工方法和失效形式。
6. 了解蜗杆传动的特点及主要参数。
7. 掌握蜗杆传动几何尺寸的计算。
8. 能判断蜗轮的转向。

项目描述

齿轮传动是机械传动中应用最广的一种传动形式。它的传动比准确，效率高，结构紧凑，工作可靠，寿命长。

蜗杆传动是在空间交错的两轴间传递运动和动力的一种传动形式，两轴线间的夹角可为任意值，常用的为90°。

普通车床主轴为什么能实现准确的转速？齿轮传动有哪些类型？电梯减速器为什么用蜗轮蜗杆减速器？

任务1 齿轮传动的应用

任务目标

1. 了解齿轮传动的分类和应用特点。
2. 掌握渐开线的形成及性质。
3. 能计算标准直齿圆柱齿轮的基本尺寸。
4. 了解其他常用齿轮传动的应用特点。
5. 了解齿轮的加工方法和失效形式。

任务分析

打开普通车床挂轮箱，拆下其中一个挂轮，测量挂轮的齿顶圆直径，推算出齿轮的标准模数，求出挂轮的其他几何尺寸。

思考

1. 齿轮齿廓是什么线？
2. 齿轮传动为什么会比较平稳？
3. 齿轮传动的传动比为什么能保持恒定？
4. 齿轮传动的失效形式有哪些？

知识准备

一、齿轮传动的分类和应用特点

齿轮传动用来传递任意两轴间的运动和动力，其圆周速度可达到300m/s，传递功率可达 10^5kW，齿轮直径可从不到1mm到150m以上，是现代机械中应用最广的一种机械传动形式。

1. 齿轮传动的组成

齿轮传动由两个相互啮合的齿轮和支承它们的轴及机座组成。

2. 齿轮传动的常用类型

按照一对齿轮两轴线的相对位置和轮齿的齿向，齿轮传动可分为平行轴齿轮传动、相交轴齿轮传动和交错轴齿轮传动三类，如图 7-1-1 所示。

3. 齿轮传动的特点

齿轮传动与其他传动形式相比主要有以下特点。
① 传递动力大、效率高。
② 寿命长，工作平稳，可靠性高。
③ 能保证恒定的传动比，能传递任意夹角两轴间的运动。
④ 制造、安装精度要求较高，因而成本也较高。
⑤ 不宜做远距离传动。

二、渐开线的形成及性质

齿轮的齿廓多为渐开线齿廓，渐开线齿廓可以保证齿轮瞬时传动比准确，传动压力方向不变，使齿轮传动平稳。

1. 圆的渐开线的形成原理

当直线 AB 沿一圆做纯滚动时，直线上任意一点 K 的轨迹 CKD 称为该圆的渐开线，如图 7-1-2 所示。此圆称为渐开线的基圆，其半径为 r_b。直线 AB 称为渐开线的发生线。

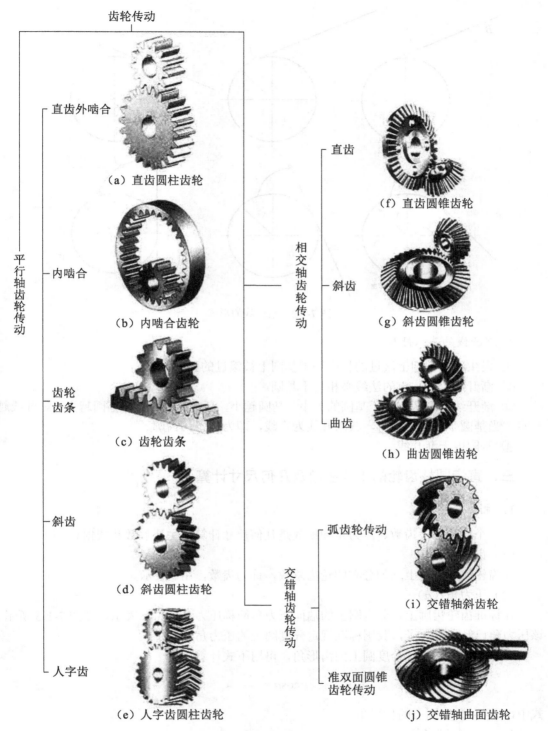

图 7-1-1 齿轮传动的分类

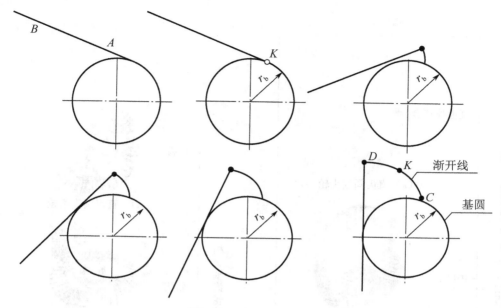

图 7-1-2　渐开线的形成

2. 渐开线的基本性质

① 发生线在基圆上滚过的长度等于基圆上被滚过的弧长。

② 渐开线上任一点的法线必相切于基圆。

③ 渐开线的形状取决于基圆的大小。基圆越小，渐开线越弯曲；基圆越大，渐开线越平直。当基圆半径无穷大时，其渐开线为直线，即为齿条的齿廓。

④ 基圆内无渐开线。

三、直齿圆柱齿轮的主要参数及几何尺寸计算

1. 主要参数

在一个齿轮上，齿数、压力角和模数是几何尺寸计算的主要参数和依据。

（1）齿数（z）

在齿轮整个圆周上均匀分布的轮齿总数，称为齿数，用 z 表示。

（2）压力角（α）

在标准齿轮齿廓上，分度圆上的端面压力角简称压力角，用 α 表示，如图 7-1-3 所示。该压力角已经标准化了，我国标准规定分度圆上的压力角 $\alpha = 20°$。

对渐开线圆柱齿轮分度圆上的齿形角，可用下式计算

$$\cos\alpha = \frac{r_b}{r}$$

式中，α——分度圆上的齿形角；

　　　r_b——基圆半径；

　　　r——分度圆半径。

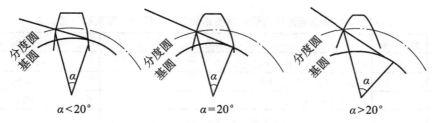

$$\alpha < 20° \qquad\qquad \alpha = 20° \qquad\qquad \alpha > 20°$$

图 7-1-3　分度圆上的压力角

（3）模数

模数是齿轮几何尺寸计算中最基本的一个参数。齿距除以圆周率所得的商，称为模数。由于 π 为一无理数，为了计算和制造上的方便，人为地把 p/π 规定为有理数，用 m 表示，模数单位为 mm，即 $m = p/\pi = d/z$。

我国规定了标准模数系列，见表 7-1-1。

表 7-1-1　标准模数系列表（GB/T1357—2008）　　　　　　单位：mm

第一系列	0.1	0.12	0.15	0.2	0.25	0.3	0.4	0.5	0.6	0.8	1	1.25	1.5
	2.5	3	4	5	6	8	10	12	16	20	25	32	40	50
第二系列	0.35	0.7	0.9	1.75	2.25	2.75	（3.25）	3.5	（3.75）	4.5	5.5
	（6.5）	7	（11）	14	18	22	28	36	45

注：本表适用于渐开线圆柱齿轮，对斜齿轮是指法面模数；选用模数时，应优先采用第一系列，其次是第二系列，括号内的模数尽量不用。

2. 标准直齿圆柱齿轮各部分名称及尺寸计算

（1）各部分名称

各部分名称如图 7-1-4 所示。

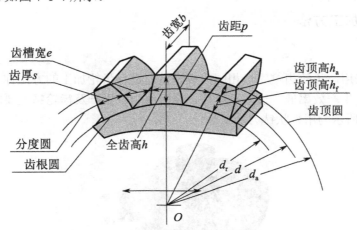

图 7-1-4　标准直齿圆柱齿轮各部分名称

（2）标准齿轮几何尺寸的计算

将具有标准参数且分度圆齿厚与齿槽宽相等的齿轮称为标准齿轮，标准直齿圆柱齿轮几何要素的名称、代号、定义和计算公式见表 7-1-2。

表 7-1-2　标准直齿圆柱齿轮几何要素的名称、代号、定义和计算公式

名　称	代　号	定　义	计　算　公　式
模数	m	齿距除以圆周率 π 所得到的商	$m=p/\pi=d/z$，取标准值
齿形角	α	基本齿条的法向压力角	$\alpha=20°$
齿数	z	齿轮轮齿的总数	由传动比计算确定，一般约为 20
分度圆直径	d	分度圆柱面和分度圆的直径	$d=mz$
顶圆直径	d_a	齿顶圆柱面和齿顶圆的直径	$d_a=d+2h_a=m(z+2)$
根圆直径	d_f	齿根圆柱面和齿根圆的直径	$d_f=d-2h_f=m(z-2.5)$
基圆直径	d_b	基圆柱面和基圆的直径	$d_b=d\cos\alpha=mz\cos\alpha$
齿距	p	两个相邻而同侧的端面齿廓之间的分度圆弧长	$p=\pi m$
齿厚	s	一个齿的两侧端面齿廓之间的分度圆弧长	$s=p/2=\pi m/2$
槽宽	e	一个齿槽的两侧端面齿廓之间的分度圆弧长	$e=p/2=\pi m/2=s$
齿顶高	h_a	齿顶圆与分度圆之间的径向距离	$h_a=h_a^*m=m$
齿根高	h_f	齿根圆与分度圆之间的径向距离	$h_f=(h_a^*+C^*)m=1.25m$
齿高	h	齿顶圆与齿根圆之间的径向距离	$h=h_a+h_f=2.25m$
齿宽	b	齿轮的有齿部位沿分度圆柱面的直母线方向量度的宽度	$b=(6\sim10)m$
中心距	a	齿轮副的两轴线之间的最短距离	$a=d_1/2+d_2/2=m(z_1+z_2)/2$

（3）渐开线直齿圆柱齿轮的啮合

一对齿轮互相啮合正常传动必须满足的条件称为正确啮合条件。一对渐开线直齿圆柱齿轮的正确啮合条件为

$$m_1=m_2=m,\ \alpha_1=\alpha_2=\alpha$$

四、齿轮加工方法

1. 仿形法

在铣床上采用与齿轮齿槽完全相同的成型铣刀进行齿轮加工的方法称为仿形法。特点是制造精度低，生产效率低，适用于单件、修配或少量生产及齿轮精度要求不高的齿轮加工。如图 7-1-5 所示为用指状铣刀加工齿轮。

图 7-1-5　用指状铣刀铣齿

2. 展成法

常用的展成法加工有插齿、滚齿和磨齿等。展成法加工以一对互相啮合的齿轮齿廓互

为包络线的原理为基础。特点是加工精度高，生产率高，需要专门的齿轮加工设备，适用于大批量生产。如图 7-1-6 所示为插齿。

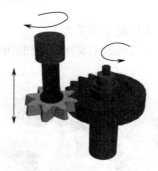

图 7-1-6　插齿

五、齿轮的失效与预防

齿轮失去正常工作能力称为失效。齿轮常见的失效形式主要有断齿、齿面点蚀、齿面胶合、齿面磨损和齿轮塑性变形 5 种，如图 7-1-7 所示。

断齿：承受冲击载荷或长期受交变载荷可能发生。

齿面点蚀：长期工作的齿轮可能会出现。

齿面胶合：润滑不良的重载齿轮齿面可能发生。

齿面磨损：开式传动或不换润滑油的闭式传动齿轮齿面可能出现。

齿轮塑性变形：过载使用可能导致这种情况发生。

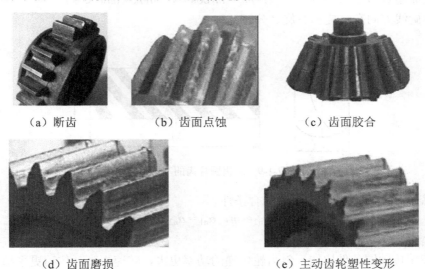

（a）断齿　　　　　　（b）齿面点蚀　　　　　　（c）齿面胶合

（d）齿面磨损　　　　　　（e）主动齿轮塑性变形

图 7-1-7　齿轮的失效形式

预防失效的办法主要是严格按使用说明书的要求正确使用，加强平时维护和定期保养，加强润滑，不超载，发现问题及时解决。如果发现一个齿轮已经失效，应及时更换这对齿轮副。

六、其他齿轮传动的特点

1. 斜齿圆柱齿轮传动

（1）斜齿圆柱齿轮传动的定义与基本参数

斜齿圆柱齿轮传动是指用齿向与轴线有倾斜角度的齿轮完成平行轴传动的一种齿轮传动形式，如图 7-1-8 所示。

图 7-1-8　斜齿圆柱齿轮传动

斜齿圆柱齿轮的基本参数如下（图 7-1-9）。

① 螺旋角：将斜齿轮沿其分度圆柱面展开，分度圆柱面与齿廓曲面的交线称为齿线，展开后与轴线的夹角为 β，称为螺旋角。

② 法面模数 m_n 和法面压力角 α_n 是标准参数。

③ 端面模数 m_t 和端面压力角 α_t 用来进行尺寸计算，便于理解。

④ 法面参数与端面参数的关系：$m_n = m_t \cos\beta$，$\tan\alpha_n = \tan\alpha_t \cos\beta$。

⑤ 螺旋线方向有左旋和右旋之分。

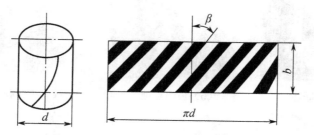

图 7-1-9　斜齿圆柱齿的基本参数

（2）斜齿圆柱齿轮传动的正确啮合条件

$$m_{n1} = m_{n2} = m, \quad \alpha_{n1} = \alpha_{n2} = \alpha, \quad \beta_1 = -\beta_2$$

（3）斜齿圆柱齿轮传动的特点

与直齿轮传动同条件比较，斜齿轮传递的功率更大，转速更高，传动更平稳，噪声小，要求轴承能够承受轴向力。

2. 直齿锥齿轮传动

（1）直齿锥齿轮传动的定义与基本参数

锥齿轮传动可实现两相交轴间的运动传递，锥齿轮的大、小端齿廓均为渐开线，但齿形不同，大端轮齿大，小端轮齿小（图 7-1-10）。

图 7-1-10　锥齿轮传动

直齿锥齿轮传动的基本参数有模数 m，齿数 z_1、z_2，压力角 α，分度圆锥角 δ_1、δ_2 等。国家标准规定锥齿轮的大端参数为标准值。

（2）直齿锥齿轮传动的正确啮合条件和两轴交角

① 正确啮合条件：大端模数相等，压力角相等，即

$$m_1=m_2=m，\quad \alpha_1=\alpha_2=\alpha$$

② 两轴交角：互相啮合的一对锥齿轮，两轴交角等于两个分度圆锥角 δ_1、δ_2 之和，即 $\sum=\delta_1+\delta_2$。最常用的是 $\sum=90°$。

任务实施

做一做

1．齿轮常见的种类有哪些？

_____

_____

2．齿轮传动的特点是什么？

_____

_____

3．齿轮的三要素是什么？模数对齿轮的哪些方面有影响？

_____

_____

4．相同情况下，斜齿轮为什么比直齿轮传动更平稳？

_____

_____

5．圆锥齿轮传动的最大特点是什么？

_____

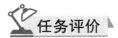

任务评价

任务评价表见表 7-1-3。

表 7-1-3　齿轮传动的应用任务评价表

任务名称		姓　名		日　期	
序　号	评价内容		自评得分		互评得分
1	正确完成任务实施部分第 1~5 题（共 80 分）				
2	参与本任务的积极性（共 10 分）				
3	完成本任务的能力（自主完成）（共 10 分）				
教师评语（评分）					

任务拓展

现有一损坏的标准直齿圆柱齿轮，需要采购部门去市场购买，你能提供该齿轮的模数及主要尺寸吗？（将所得数据填入表 7-1-4）

表 7-1-4　齿轮测量尺寸及几何尺寸计算结果

名　称	代　号	公　式	结　果
齿数			
模数			
分度圆直径			
齿顶圆直径			
齿根圆直径			
齿顶高			
齿根高			
全齿高			
齿距			
齿厚			
槽宽			

说明：若为测量值，在"公式"一栏中填写"测量"，"结果"一栏填写测量结果。

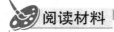阅读材料

齿轮的结构设计和齿轮传动的润滑

一、齿轮的结构设计

1. 齿轮轴

当齿轮齿根圆直径与轴径接近时，将齿轮与轴做成一体，称为齿轮轴，如图 7-1-11

所示。

图 7-1-11　齿轮轴

2. 实体齿轮

当齿轮齿顶圆直径小于或等于 200mm 时，齿轮与轴分别制造，制成锻造实体齿轮，如图 7-1-12 所示。

图 7-1-12　实体齿轮

3. 腹板齿轮

当齿轮齿顶圆直径小于或等于 500mm 时，可制成锻造腹板齿轮，如图 7-1-13 所示。

图 7-1-13　腹板齿轮

4. 轮辐式齿轮

当齿轮齿顶圆直径 $d_a > 500$ mm 时，可制成铸造轮辐式结构。这种结构的齿轮常用铸钢或铸铁制造。

二、齿轮传动的润滑

润滑的作用是减少摩擦和磨损，降低噪声，帮助散热和减少锈蚀等。

1. 闭式齿轮传动的润滑

$v \leqslant 12$m/s 时，通常采用浸油（油浴或油池）润滑，如图 7-1-14（a）所示。

$v > 12 \text{m/s}$ 时，采用喷油润滑，如图 7-1-14（b）所示。

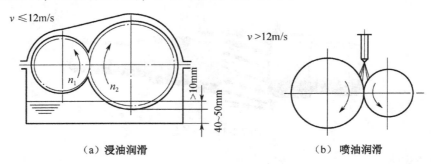

（a）浸油润滑　　　　　　　　（b）喷油润滑

图 7-1-14　闭式齿轮传动的润滑

2. 开式齿轮传动的润滑

人工定期加油润滑，如图 7-1-15 所示。

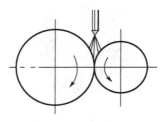

图 7-1-15　开式齿轮传动的润滑

 # 任务 2　蜗杆传动的应用

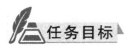 ## 任务目标

1. 了解蜗杆传动的特点及主要参数。
2. 掌握蜗杆传动几何尺寸的计算。
3. 能判断蜗轮的转向。

任务分析

直齿齿轮传动具有传动比恒定、承载力大、传动平稳等特点，但当两轴交错成 90°，而且距离很大、传动比要求很高时，普通齿轮传动将无法满足使用要求，这时应该使用什么传动形式来代替呢？

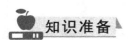 ## 知识准备

一、蜗杆传动的组成

蜗杆传动是由蜗轮、蜗杆和机架组成的传动装置，用于传递空间两交错轴间的运动和

动力（图 7-2-1）。

　　一般蜗杆与蜗轮的轴线在空间互相垂直交错成 90°。小齿轮螺旋角很大，分度圆柱直径较小，轴向长度较大，齿数很少，外形像一根螺杆，称为蜗杆。蜗轮实际上是一个斜齿轮，如图 7-2-2 所示。

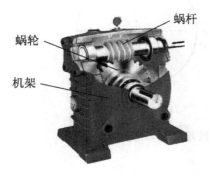

图 7-2-1　蜗杆传动

图 7-2-2　蜗轮与蜗杆

　　普通圆柱蜗杆机构中采用最简单的阿基米德蜗杆传动，阿基米德蜗杆的端面齿形为阿基米德螺旋线，轴向齿廓为直线。

二、蜗杆传动的传动比、旋转方向的判定及应用特点

1. 蜗杆传动的传动比

在蜗杆传动中，是用蜗杆带动蜗轮传递运动和动力的。它们的传动比为

$$i = \frac{n_1}{n_2} = \frac{z_2}{z_1}$$

蜗杆齿（头）数为 z_1，蜗轮齿数为 z_2，如图 7-2-3 所示。

2. 蜗杆传动旋转方向的判定

（1）蜗杆旋向的判定

将蜗杆的轴线竖起，螺旋线右面高为右旋，左面高为左旋，如图 7-2-4 所示。

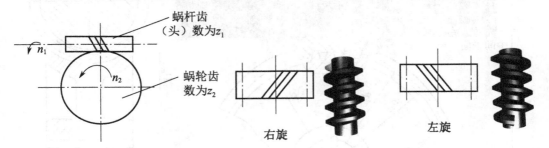

图 7-2-3　蜗轮蜗杆传动比

图 7-2-4　蜗杆旋向

（2）蜗轮旋转方向的判定

　　右旋用右手法则，主动蜗杆为右旋，用右手四个手指顺着蜗杆的转向握住蜗杆，大拇指的指向与蜗轮的节点速度方向相反，从而判定蜗轮的转向，如图 7-2-5（a）所示。

　　左旋用左手法则，主动蜗杆为左旋，用左手四个手指顺着蜗杆的转向握住蜗杆，大拇

指的指向与蜗轮的节点速度方向相反，从而判定蜗轮的转向，如图 7-2-5（b）所示。

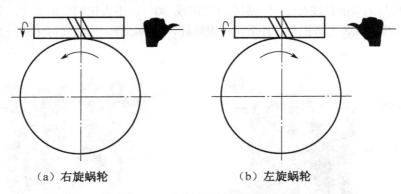

（a）右旋蜗轮　　　　　　（b）左旋蜗轮

图 7-2-5　蜗轮旋转方向的判定

3．蜗杆传动的应用特点

① 传动比大，通常为 10～40，最大可达 80，若只传递运动，传动比可达 1000。

② 传动平稳，噪声小。

③ 可制成具有自锁性的蜗杆。

④ 效率较低，一般为 70%～80%。

⑤ 蜗轮造价较高。

三、蜗杆传动的基本参数

在蜗杆传动中，中间平面是指通过蜗杆轴线并与蜗轮轴线垂直的平面。蜗杆传动的基本参数和主要几何尺寸在中间平面内确定（图 7-2-6）。

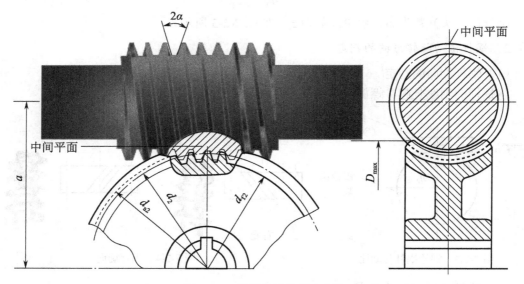

图 7-2-6　蜗杆传动的基本参数

1．模数 m 和压力角 α

如图 7-2-6 所示，在中间平面内，蜗杆和蜗轮的啮合就相当于渐开线齿轮与齿条的啮合。为加工方便，规定在中间平面内的几何参数应是标准值。所以，蜗杆的轴向模数和蜗轮的端面模数应相等，并为标准值，分别用 m_{x1} 和 m_{t2} 表示，即 $m_{x1}= m_{t2}= m$。同时，蜗杆的压力角 α_{x1} 等于蜗轮的端面压力角 α_{t2}，并为标准值，即 $\alpha_{x1}= \alpha_{t2}= \alpha =20°$。普通蜗杆标准模数见表 7-2-1。

表 7-2-1　普通蜗杆标准模数

第一系列	第二系列	第一系列	第二系列	第一系列	第二系列	第一系列	第二系列
0.1		0.8				3.5		12
0.12			0.9	4			12.5	
0.16		1			4.5			14
0.2		1.25		5			16	
0.25			1.5		5.5		20	
0.3		1.6			6		25	
0.4		2		6.3			31.5	
0.5		2.5			7		40	
0.6			3	8				
	0.7	3.15		10				

2．蜗杆分度圆直径和导程角

设 z_1 为蜗杆的头数，γ 为蜗杆的导程角（所谓导程角是指圆柱螺旋线的切线与端平面之间所夹的锐角）。p_{x1} 为蜗杆的轴向齿距，d_1 为分度圆直径，m_{x1} 为轴向模数，$z_1 p_{x1}$ 称为蜗杆的导程。所谓导程是指在圆柱蜗杆的轴平面上，同一条螺纹的两个相邻的同侧齿廓之间的轴向距离（图 7-2-7）。在分度圆柱上，导程角和导程的关系为

$$\tan\gamma=\frac{z_1 p_{x1}}{\pi d_1}=\frac{z_1\pi m_{x1}}{\pi d_1}=\frac{z_1 m}{d_1}$$

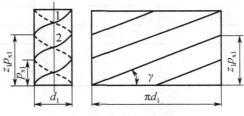

图 7-2-7　蜗杆展开图

四、蜗杆传动的正确啮合条件

因为中间平面为蜗杆的轴面、蜗轮的端面，所以蜗杆传动的正确啮合条件为

$$m_{x1}= m_{t2}= m,\ \ \alpha_{x1}= \alpha_{t2}= \alpha,\ \ \gamma=\beta$$

式中，m_{x1}、α_{x1}——蜗杆的轴面模数和轴面压力角；

m_{t2}、α_{t2}——蜗轮的端面模数和端面压力角；

γ——蜗杆的导程角；

β——蜗轮的螺旋角。

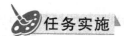 任务实施

做一做 ● ● ● ●

1. 蜗杆传动有什么特点?

_____

_____

2. 蜗杆传动的自锁功能可以用在什么场合?

_____

_____

3. 如何判定蜗轮与蜗杆的旋转方向?

_____

_____

_____

任务评价

任务评价表见表 7-2-2。

表 7-2-2 蜗杆传动的应用任务评价表

任 务 名 称		姓 名		日 期	
序 号	评 价 内 容		自 评 得 分		互 评 得 分
1	正确完成任务实施部分(共80分)				
2	参与本任务的积极性(共10分)				
3	完成本任务的能力(自主完成)(共10分)				
教师评语(评分)					

任务拓展

拆装蜗轮蜗杆减速器,并计算所拆减速器的传动比。

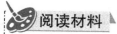 阅读材料

蜗轮与蜗杆的材料及结构

一、蜗杆与蜗轮的材料

1. 蜗杆的材料

蜗杆多用碳钢或合金钢制造,如 40、45、40Cr 等。经热处理可提高齿面硬度,增

强耐磨性。

40、45，调质，HBS220～300——用于低速和不太重要的传动。

40、45、40Cr，表面淬火，HRC45～55——用于一般传动。

15Cr、20Cr、12CrNiA、18CrMnT1、O20CrK，渗碳淬火，HRC58～63——用于高速重载。

2. 蜗轮的材料

蜗轮常用铸锡青铜 ZQSn10-1、ZQSn6-6-3 和铝铁青铜 ZQAl9-4 制造，低速和不重要的传动可采用铸铁材料。

铸锡青铜（ZCuSn10P1，ZCuSn5P65Zn5）用于 $v_S \geqslant 3$ m/s 的场合，减摩性好，抗胶合性好，价贵，强度稍低。

铝铁青铜（ZCuAl10Fe3）用于 $v_S \leqslant 4$ m/s 的场合，减摩性、抗胶合性稍差，但强度高，价廉。

铸铁包括灰铸铁和球墨铸铁，用于 $v_S \leqslant 2$ m/s 的场合，要进行时效处理，防止变形。

二、蜗杆和蜗轮的结构

1. 蜗杆

蜗杆通常与轴做成一体，称为蜗杆轴。

（1）无退刀槽，铣刀铣制。

（2）有退刀槽，车刀车或铣。

2. 蜗轮

（1）齿圈式——齿圈与轮芯一般用 H7/rb 配合装配，并在配合面接缝上加装 4～6 个紧定螺钉。

（2）螺栓连接式——用于尺寸较大的蜗轮，装拆较方便。

（3）整体浇铸式——用于整体蜗轮和尺寸小的青铜蜗轮。

（4）拼铸式——在铸铁轮芯上浇铸青铜齿圈，然后切齿。

项目总结

1. 渐开线的性质主要有以下几点。

（1）发生线在基圆上滚过的线段长等于基圆上被滚过的弧长。

（2）渐开线上任一点的法线必切于基圆，越接近基圆，曲率半径越小。

（3）渐开线的形状取决于基圆的大小，当基圆半径无穷大时，渐开线为一直线，基圆内无渐开线。

2. 齿轮几何尺寸计算主要参数有压力角、模数和齿数。

3. 斜齿轮的轮齿在圆柱面上偏斜了一个角度，即螺旋角 β，其几何尺寸和参数有端面和法面之分，通常标准参数在法面上，尺寸计算时用端面参数。斜齿轮传动的特点有承载能力强，适用于大功率传动；传动平稳，冲击、噪声和振动小，适用于高速传动；使用寿命长；不能当做变速滑移齿轮使用；传动时产生轴向力，需要安装能承受轴向力的轴承，会使支座结构复杂。

4．圆锥齿轮常用于传递垂直相交轴之间的运动和动力。圆锥齿轮有大端和小端之分，几何尺寸计算以大端几何尺寸为标准，以大端模数和大端齿形角作为标准值。

5．一对渐开线直齿圆柱齿轮传动的正确啮合条件为两齿轮的模数和压力角相等。一对斜齿圆柱齿轮传动的正确啮合条件为两轮的法面模数与法向压力角相等，螺旋角大小相等，方向相反。一对直齿圆锥齿轮传动的正确啮合条件为两齿轮的大端模数与大端齿形角相等。

6．当用展成法加工渐开线标准齿轮时，如被加工齿轮的轮齿太少，会出现刀具的顶部切入轮齿的根部，切去了轮齿根部的渐开线齿廓。这种现象称为切齿干涉，又称根切。为了避免发生根切现象，被切齿轮的最小齿数应大于某值。对标准直齿圆柱齿轮 $z_{min}=17$。

7．齿轮传动的失效，主要是轮齿的失效。在传动过程中，如果轮齿发生折断、齿面损坏等现象，齿轮就会失去正常工作能力，称为失效。常见的齿轮失效形式有轮齿折断、齿面点蚀、齿面胶合、齿面磨损和塑性变形。

8．蜗杆传动用于传递两交错轴成 90°的回转运动。一般蜗杆为主动件，蜗轮为从动件。其主要特点是传动平稳，噪声小，承载能力强，传动比大，具有自锁作用，但效率较低，成本较高。

9．普通蜗杆传动正确啮合条件为，蜗杆的轴面模数和压力角分别等于蜗轮的端面模数和压力角，蜗杆的导程等于蜗轮的螺旋角，且螺旋方向一致。

思考与练习题

一、填空题

1．直齿圆柱齿轮的三个主要参数是＿＿＿＿、＿＿＿＿、＿＿＿＿。

2．通常情况下，蜗杆传动中的主动件是＿＿＿＿。

3．一对内啮合的斜齿轮，其螺旋角 β_1 和 β_2 的关系为＿＿＿。

4．对齿轮传动的基本要求是＿＿＿和承载能力要强。

5．蜗杆与蜗轮若要正确啮合，则蜗杆分度圆柱面上的导程角和蜗轮分度圆柱面上的螺旋角应＿＿＿＿，螺旋方向＿＿＿＿。

6．齿轮轮齿的常见失效形式有＿＿＿＿、＿＿＿＿、＿＿＿＿、＿＿＿＿。

二、判断题

1．模数 m 越大，轮齿的承载能力越强。（　　）

2．通常在蜗轮蜗杆传动中，蜗轮是主动件。（　　）

3．一对标准外啮合斜齿轮，轮齿的螺旋角大小相等，方向相同。（　　）

4．轮齿的点蚀大多数发生在靠近节线的齿顶面上。（　　）

5．在设计齿轮时，模数可以取标准系列值，也可随意定一个模数。（　　）

6．一对标准外啮合的斜齿圆柱齿轮的正确啮合条件是两齿轮法面模数相等，齿形角相等，螺旋角相等且螺旋方向相同。（　　）

7．齿面磨损与轮齿折断都是开式齿轮传动的主要失效形式。（　　）

8．标准模数相同的直齿、斜齿圆柱齿轮的全齿高相等。（　　）

9．斜齿圆柱齿轮的法向参数为标准值，作为加工、设计、测量的依据。（　　）

10. 渐开线齿轮只有按照标准中心距安装才能保证传动比是常数。 （   ）

三、计算题

1. 有一对正常齿制的标准直齿圆柱齿轮，大齿轮遗失，小齿轮 $z_1=38$，顶圆直径 $d_{a1}=98mm$，测得两孔中心距 $a=112.5mm$，试求大齿轮的主要参数（m、z、α）。

2. 在一对标准直齿圆柱齿轮的传动中，模数 $m=3mm$，已知 $z_1=20$，$z_2=40$，$h_a^*=1$，$c^*=0.25$。求：

（1）齿顶高 h_a 和齿根高 h_f；

（2）分度圆直径 d_1 和 d_2；

（3）齿顶圆直径 d_{a1} 和 d_{a2}；

（4）齿根圆直径 d_{f1} 和 d_{f2}。

项目 **8** 其他的机械传动分析

📖 项目目标 ....

1. 了解带传动的组成、传动特点、V 带的结构及使用。
2. 了解链传动的组成、传动特点、滚子链的结构及使用。
3. 了解轮系的分类和功用、定轴轮系的传动比及实际应用。

📖 项目描述 ....

电动机是机床的动力部分。普通车床的电动机是如何将旋转运动传递给车床主轴,最终实现主轴的旋转的呢?

自行车大家都很熟悉,只要踩动踏板,自行车的后轮就能转动,这是什么原理?

普通车床为什么可以实现多种转速?汽车为什么能实现前进与后退?钟表的时针、分针与秒针之间为什么能保持 60 进 1 的关系?

任务 1 带传动的应用

📝 任务目标 ▶

1. 了解带传动的组成、原理和类型。
2. 掌握 V 带的结构、型号和使用特点。
3. 了解 V 带传动的安装和维护。
4. 了解带传动的张紧。
5. 了解同步带传动的特点及应用。

📝 任务分析 ▶

带传动在机械装置中应用广泛,如图 8-1-1 所示为钻床和车床中的带传动,分析它们的异同点,说明带传动的选用原则。

（a）钻床中的带传动　　　　　　（b）普通车床中的带传动

图 8-1-1　钻床和车床中的带传动

思考

带传动是由哪些部分组成的？带传动有什么特点？摩擦型带传动与啮合型带传动之间的异同点有哪些？皮带用了一段时间后，会变长而松动，应该如何调整呢？

知识准备

一、带传动的组成、原理和类型

1．带传动的组成

如图 8-1-2 所示，带传动一般由主动带轮、从动带轮和挠性带组成。

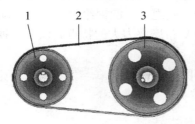

（a）摩擦型带传动　　　　　　　　（b）啮合型带传动

1—主动带轮；2—从动带轮；3—挠性带

图 8-1-2　带传动的组成

2．带传动的工作原理

（1）摩擦型带传动［图 8-1-2（a）］的工作原理：靠传动带与带轮间的摩擦力实现传动，如 V 带传动、平带传动等。

（2）啮合型带传动［图 8-1-2（b）］的工作原理：靠带内侧凸齿与带轮外缘上的齿槽相啮合实现传动，如同步带传动。

3．带传动的基本类型

（1）按传动原理可以分为摩擦型和啮合型两种（图 8-1-2）。

（2）按用途可以分为传动带和输送带两种。传动带用于传递动力，输送带用于输送物料（图 8-1-3）。

（a）传动带　　　　　　　　　　　　　（b）输送带

图 8-1-3　带传动按用途分类

（3）按传动带的截面形状可以分为平带、V 带、圆形带、多楔带和齿形带（图 8-1-4 和图 8-1-5）。

图 8-1-4　传动带的截面形状

在平带传动中，工作时带的内面是工作面；V 带传动中带的截面形状为等腰梯形，工作时带的两侧面是工作面；圆形带有圆皮带、圆绳带、圆锦纶带等，其传动能力小；多楔带工作面为楔的侧面，它具有平带的柔软和 V 带摩擦力大的特点。以上 4 种均为摩擦性型带传动。

啮合型带传动能够获得准确的传动比（图 8-1-5）。

图 8-1-5　齿形带

4. 带传动的传动比

机构中瞬时输入角速度与输出角速度的比值称为机构的传动比。带传动的传动比就是主动轮转速 n_1 与从动轮转速 n_2 之比，通常用 i_{12} 表示。

$$i_{12} = \frac{n_1}{n_2}$$

式中，n_1、n_2——主动轮、从动轮的转速（r/min）。

带传动的传动比也可用 $i_{12} = \dfrac{D_2}{D_1}$ 表示，其中 D_1、D_2 为两带轮直径。因传动过程中有弹性滑动和过载打滑现象，所以带传动的传动比不恒定。

二、V 带的结构、标准和标记

1. V 带及带轮

（1）V 带的结构

V 带的结构如图 8-1-6 所示。

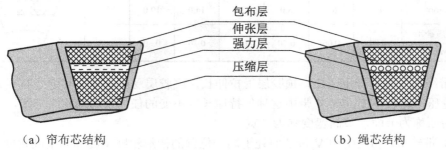

（a）帘布芯结构　　　　　　　　　　（b）绳芯结构

图 8-1-6　V 带的结构

（2）V 带轮的类型

V 带轮的类型如图 8-1-7 所示。

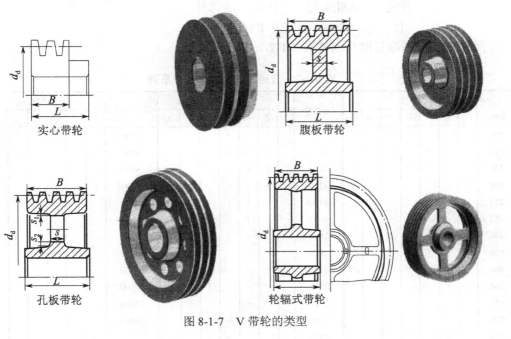

实心带轮　　　　　　　　　　腹板带轮

孔板带轮　　　　　　　　　　轮辐式带轮

图 8-1-7　V 带轮的类型

2. 普通 V 带的标准与标记

V 带已标准化，按截面高度与节宽比值不同，V 带又可分为普通 V 带、窄 V 带、半宽 V 带和宽 V 带等多种形式。普通 V 带按截面尺寸由小到大分别有 Y、Z、A、B、C、D、E 七种型号，其中 E 型截面积最大，其传递功率也最大，生产现场中使用最多的是 A、B、C 三种型号（表 8-1-1）。

表 8-1-1　普通 V 带剖面基本尺寸

型号	Y	Z	A	B	C	D	E
顶宽 b/mm	6.0	10.0	13.0	17.0	22.0	32.0	38.0
节宽 b_p/mm	5.3	8.5	11.0	14.0	19.0	27.0	32.0
高度 h/mm	4.0	6.0	8.0	11.0	14.0	19.0	25.0
每米带长质量 m/（kg/m）	0.04	0.06	0.10	0.17	0.30	0.60	0.87

V 带绕在带轮上产生弯曲，顶胶层受拉伸长，底胶层受压缩短，其中必有一处既不受拉也不受压，周长不变。在 V 带中这种保持原长度不变的任一条周线称为节线，由全部节线构成的面称为节面，节面宽度称为节宽。

在 V 带轮上，与所配用 V 带节面处于同一位置的槽形轮廓宽度称为基准宽度。基准宽度处的带轮直径称为基准直径。V 带在规定张紧力下，位于带轮基准直径上的周线长度称为基准长度。V 带的型号和基准长度都压印在胶带的外表面上，以供识别和选用。

V 带的标记方法如下：

型号　　基准长度　　国家标准代号
B　　　　2500　　　GB/T 1171—2006

普通 V 带的基准长度系列见表 8-1-2。

表 8-1-2　普通 V 带的基准长度系列

L_d/mm	Y	Z	A	B	C	D	E
200	+						
224	+						
250	+						
280	+						
315	+						
355	+						
400	+	+					
450	+	+					
500	+	+	+				
560		+	+				
630		+	+				
710		+					
800		+					
900		+	+	+			
1000		+	+	+			
1120		+	+	+			
1250		+	+	+			
1400		+	+	+			
1600		+	+	+	+		
1800			+	+	+		
2000			+	+	+		
2240			+	+	+		
2500			+	+	+		
2800				+	+	+	
3150				+	+	+	
3550				+	+	+	
4000				+	+	+	
4500				+	+	+	+
5000				+	+	+	+
5600					+	+	+
6300					+	+	+
7100					+	+	+
8000					+	+	+
10000					+	+	+
11200						+	+
12500						+	+
14000						+	+
16000							+

三、摩擦型带传动的使用与维护

1. 带传动的张紧装置

带传动不仅安装时必须把带张紧在带轮上，而且当带工作一段时间之后，因永久伸长而松弛时，还应将带重新张紧。张紧装置分定期张紧和自动张紧两类，见表 8-1-3。

2. 带传动的使用与维护

为了延长带的使用寿命，保证传动的正常运行，必须正确地使用和维护磨擦型带传动。

表 8-1-3　带传动的张紧装置

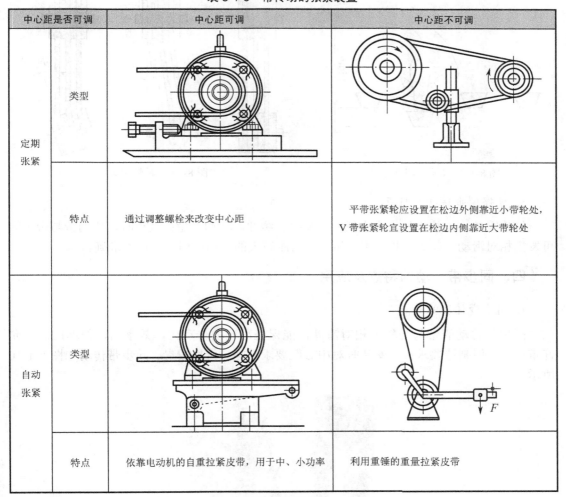

中心距是否可调		中心距可调	中心距不可调
定期张紧	类型		
	特点	通过调整螺栓来改变中心距	平带张紧轮应设置在松边外侧靠近小带轮处，V带张紧轮宜设置在松边内侧靠近大带轮处
自动张紧	类型		
	特点	依靠电动机的自重拉紧皮带，用于中、小功率	利用重锤的重量拉紧皮带

（1）选用 V 带时要注意型号和长度，型号要和带轮轮槽尺寸相符。新旧 V 带不能同时使用。

（2）安装皮带前应先缩短中心距，不能硬撬。

（3）安装 V 带时初拉力应适中，对于中等中心距的带传动，带的张紧程度以用手按下15mm 为宜，如图 8-1-8 所示。

（4）带传动安装后应保证两轮轴线平行，相对应轮槽的中心线重合（图 8-1-9），其偏差不能超过有关规定。

（5）水平布置的摩擦型带传动应保证紧边在下，松边在上。

（6）多根 V 带传动应采用配组带。使用时应定期检查，当发现有的 V 带出现疲劳撕裂现象时，应更换全部 V 带。

（7）为确保安全，带传动应设防护罩。

（8）带的工作温度不应超过 60℃。

（9）带与带轮之间要防止油脂进入。

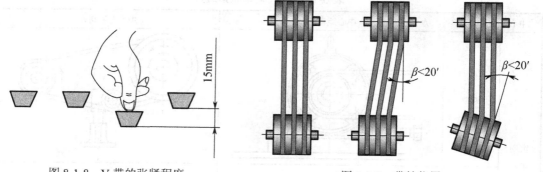

图 8-1-8　V 带的张紧程度　　　　　　图 8-1-9　带轮位置

3. 摩擦型带传动的特点

结构简单，维护方便，成本低；能减振、缓冲，转动平稳；过载时，传动带与带轮间可发生相对滑动，起到保护作用；用于中心距较大的传动；但传动比不准确。

四、同步带传动的特点及应用

1. 同步带传动的特点

同步带传动的带与带轮无相对滑动，能保证准确的传动比，效率高，传动比大，允许带速高，但制造要求高，安装时对中心距要求严格，价格较贵。同步带传动如图 8-1-10 所示。

图 8-1-10　同步带传动

2. 同步带传动的应用

同步带传动主要用于要求传动比准确的中、小功率传动机构中，如应用于计算机、录音机、数控机床、汽车等设备中。如图 8-1-11 所示，同步带传动用在汽车发动机中，可保持各轴的转速比一定；同步带传动用在在机械关节中，可使机械关节按要求运动。

（a）在汽车发动机中的应用　　　　　　　　　　（b）在机械关节中的应用

图 8-1-11　同步带传动的应用

任务实施

做一做 ••••

1．带传动分为哪几种类型？请举例说明各种类型的应用特点。

_____

_____

_____

_____

2．一组 V 带，其中一条损坏后，应该怎么换？

_____

_____

_____

3．在某一机床上，皮带总是打滑，请分析可能的原因？

_____

_____

_____

_____

4．如何调整钻床的带传动，使主轴获得要求的转速？计算各种组合的传动比。

_____

_____

_____

_____

_____

任务评价

任务评价表见表 8-1-4。

表 8-1-4　带传动的应用任务评价表

任务名称		姓　名		日　期	
序　号	评价内容		自评得分		互评得分
1	正确完成任务实施部分第 1～3 题（共 60 分）				
2	正确调整钻床的转速，并且计算的传动比正确（共 20 分）				
3	参与本任务的积极性（共 10 分）				
4	完成本任务的能力（自主完成）（共 10 分）				
教师评语（评分）					

 任务拓展

　　我国古代很早就发明了齿轮传动和皮带传动的装置。在汉代古墓中，有如图 8-1-12（a）所示的一幅壁画，画中有一辆纺车，用一根绳子环绕着直径很大的纺轮和直径很小的纺锤，其示意图如图 8-1-12（b）所示。当转动摇柄 M 时，大轮绕轴 O 转动，进而使纺锤 N 发生转动。想一想纺车设计中的优点有哪些，并和同学们交流。请详细解释你的理由。

（a）壁画　　　　　　　　（b）纺车示意图

图 8-1-12　中国古代纺车

任务 2　链传动的应用

任务目标

1. 了解链传动的组成、原理和类型。
2. 了解链传动的结构和型号。
3. 掌握链的使用特点。
4. 了解链传动的安装和维护。

任务分析

　　如图 8-2-1 所示，变速自行车是人们比较常用的出行工具，具有骑行轻便、快速和环保等特点，请你分析：

1. 变速自行车的传动机构为什么要选用链传动而不选用带传动？
2. 变速自行车为什么能实现变速？
3. 变速自行车的链条是如何实现张紧的？

（a）后链轮　　　　　　　　　　　（b）变速自行车

图 8-2-1　变速自行车及后链轮

🍎 **知识准备**

一、链传动的组成、原理和类型

1. 链传动的组成

如图 8-2-2 所示，链传动一般由主动链轮、链条和从动链轮组成。

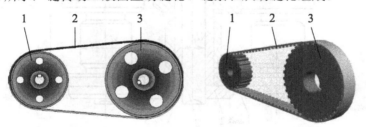

（a）摩擦型带传动　　　　　（b）啮合型带传动

1—主动链轮；2—链条；3—从动链轮

图 8-2-2　链传动的组成

2. 链传动的工作原理

链传动依靠链条与链轮轮齿的啮合实现传动，以此传递平行轴间的运动和动力。

3. 链传动的基本类型

按用途不同，链传动分为传动链、起重链和牵引链。

传动链：用于传递运动和动力。

起重链：用于起重机械中提升重物。

牵引链：用于运输机械中驱动输送带等。

传动链种类繁多，最常用的是滚子链和齿形链。

4. 链传动的传动比

链传动中，主动链轮的齿数为 z_1，转速为 n_1；从动链轮的齿数为 z_2，转速为 n_2。由于是啮合传动，在单位时间里两链轮转过的齿数应相等，即 $z_1 \cdot n_1 = z_2 \cdot n_2$，$n_1 / n_2 = z_2 / z_1$，并用 i 表示传动比，所以

$$i = \frac{n_1}{n_2} = \frac{z_2}{z_1}$$

二、链传动的结构和型号

1. 滚子链

（1）组成

如图 8-2-3 所示，滚子链又称套筒滚子链，由内链板、外链板、销轴、套筒和滚子组成。

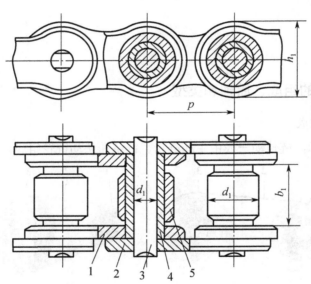

1—内链板；2—外链板；3—销轴；4—套筒；5—滚子

图 8-2-3　滚子链的组成

（2）链接头

为了让链条首尾相接形成环形，必须使用链接头。如图 8-2-4 所示为常用的链接头形式。

如果链节数正好是偶数，链条连成环形时可以将内、外链板搭接；如果链节数为奇数，则需要采用图 8-2-4 中的过渡链节，才能首尾相连。

（a）弹性销片 （b）开口销 （c）过渡链节

图 8-2-4 常用的链接头形式

（3）参数

滚子链的规格及主要参数见表 8-2-1。

表 8-2-1 滚子链的规格及主要参数（摘自 GB/T 1243—2006）

链号	节距 p/mm	排距 p_1/mm	滚子外径 d_1/mm	内链节链宽 b_1/mm	销轴直径 d_2/mm	内链板高度 h_2/mm	极限拉伸载荷（单排）Q/N	每米质量（单排）q/（kg/m）
05B	8.00	5.64	5.00	3.00	2.31	7.11	4400	0.18
06B	9.525	10.24	6.35	5.72	3.28	8.26	8900	0.40
08A	12.70	14.38	7.95	7.85	3.96	12.07	13800	0.60
08B	12.70	13.92	8.51	7.75	4.45	11.81	17800	0.70
10A	15.875	18.11	10.16	9.40	5.08	15.09	21800	1.00
12A	19.05	22.78	11.91	12.57	5.94	18.08	31100	1.50
16A	25.40	29.29	15.88	15.75	7.92	24.13	55600	2.60
20A	31.75	35.76	19.05	18.90	9.53	30.18	86700	3.80
24A	38.10	45.44	22.23	25.22	11.10	36.20	124600	5.60
28A	44.45	48.87	25.40	25.22	12.70	42.24	169000	7.50
32A	50.80	58.55	28.58	31.55	14.27	48.26	222400	10.10
40A	63.50	71.55	39.68	37.85	19.24	60.33	347000	16.10
48A	76.20	87.93	47.63	47.35	23.80	72.39	500400	22.60

注意：过渡链节的极限拉伸载荷按 $0.8Q$ 计算。

节距即表 8-2-1 中的 p，是滚子链的主要参数。

节距是指滚子链上相邻两销轴中心的距离，节距越大，链的各元件尺寸越大，承载能力越强。

注意：当链轮齿数一定时，节距增大将使链轮直径增大。因此，在承受较大载荷，传递功率较大时，可用多排链（图 8-2-5），它相当于几个普通单排链用长销轴连接而成。但排数越多，就越难使各排受力均匀，故排数不能过多，常用双排链或三排链，四排以上的很少用。

图 8-2-5　多排链

链条的长度常以链节数表示。一般情况下要尽量采用偶数链节的链条，以避免使用过渡链节。

（4）标记方法

滚子链的标记方法如下：

$$\boxed{链号}-\boxed{排数}\times\boxed{整链链节数}\quad\boxed{标准编号}$$

例如："12A—1×88 GB/T 1243—2006"表示链号是 12A（p =19.05mm）、单排、88 节的滚子链。

2. 齿形链

齿形链根据铰接的结构不同，可分为圆销铰链式、轴瓦铰链式和滚子铰链式三种。

如图 8-2-6 所示为圆销铰链式齿形链。圆销铰链式齿形链主要由套筒、齿形板、销轴和外链板组成。销轴与套筒为间隙配合。它比套筒滚子链传动平稳，传动速度高，且噪声小，因而齿形链又叫无声链，但摩擦力较大，易磨损，成本较高。

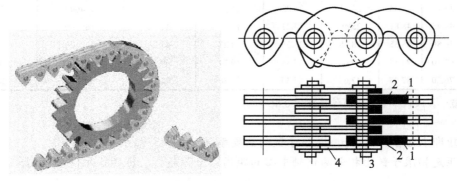

1—套筒；2—齿形板；3—销轴；4—外链板

图 8-2-6　圆销铰链式齿形链

3. 链轮

为保证链轮轮齿面具有足够的强度和耐磨性，链轮的材料通常采用优质碳素钢或合金钢，并经过热处理。

链轮的齿形已标准化，用标准刀具加工，如图 8-2-7 所示。

图 8-2-7　标准刀具

如图 8-2-8 所示，链轮的结构可根据尺寸的大小来确定，直径小的链轮制成实心式，中等直径的链轮可做成腹板式或孔板式，直径较大时可采用组合式结构，轮齿磨损后可更换齿圈。

（a）实心式　　　　　（b）孔板式　　　　　（c）组合式

图 8-2-8　链轮形式

三、链的使用特点

（1）链传动依靠啮合工作，可获得准确的平均传动比。

（2）与带传动相比，链传动张紧力小，轴上受力较小，传递功率较大，效率也较高，必要时，链传动可以在低速高温、油污的情况下工作。

（3）与齿轮传动相比，链传动可在两轴中心距较大的场合下工作。

（4）由于链条是按照折线绕在链轮上的，所以即使主动轮匀速转动，从动轮的瞬时转速也是变化的，因此瞬时传动比不是常数，传动平稳性较差，有噪声且链速不宜过高。

以上特点说明，链传动主要适用于不宜采用带传动和齿轮传动，两轴平行且中心距较大，功率较大，而又要求平均传动比准确的场合，目前在矿山、石油、化工、印刷、交通运输及建筑工程等行业的机械中均有应用。

通常传动链传递的功率 $P \leqslant 100 \text{kW}$，链速 $v \leqslant 15 \text{ m/s}$，传动比 $i \leqslant 8$，中心距 $a \leqslant 8\text{m}$，润滑良好时效率可达 0.97～0.98。

四、链传动的安装和维护

安装链传动时，两链轮轴线必须平行，并且两链轮旋转平面应位于同一平面内，否则会引起脱链和不正常的磨损。

为了防止链传动松边垂度过大，引起啮合不良和抖动现象，应采取张紧措施。张紧方法有：当中心距可调时，可增大中心距，一般把两链轮中的一个链轮安装在滑板上，以调整中心距；当中心距不可调时，可去掉两个链节，或采用张紧轮张紧（图 8-2-9），张紧轮应放在松边外侧靠近小轮的位置上。

图 8-2-9　链传动的张紧轮张紧

　　良好的润滑可减轻磨损，缓和冲击和振动，延长链传动的使用寿命。采用的润滑油要有较大的运动黏度和良好的油性，通常选用 L—AN32、L—AN46、L—AN68 等全损耗系统用油。对于不便使用润滑油的场合，可用润滑脂，但应定期涂抹，定期清洗链轮和链条。

　　在链传动的使用过程中，应定期检查润滑情况及链条的磨损情况。

任务实施

做一做

1. 请举例说明链传动的应用特点。

_____

_____

2. 为什么链传动的瞬时传动比不是恒定的？

_____

_____

3. 说一说滚子链的结构。

_____

_____

4. 如何调整自行车的链条？计算该链传动的传动比。

_____

_____

_____

_____

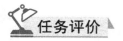 **任务评价**

任务评价表见表 8-2-2。

表 8-2-2 链传动的应用任务评价表

任 务 名 称		姓 名	日 期
序 号	评价内容	自评得分	互评得分
1	正确完成任务实施部分第 1~3 题（共 60 分）		
2	正确调整自行车的链条，计算的传动比正确（共 20 分）		
3	参与本任务的积极性（共 10 分）		
4	完成本任务的能力（自主完成）（共 10 分）		
教师评语（评分）			

 知识拓展

筒 车

　　筒车又称水转筒车，是一种以水流做动力，取水灌田的工具。其上下各有一个轮子，下轮一半淹在水中，两轮之间有轮带，轮带上装有很多竹筒。流水冲击下面的水轮转动，竹筒就装满了水，并自下而上地把河水带到高处倒出（图 8-2-10）。 翻车，是一种刮板式连续提水机械，又名龙骨水车，是我国古代最著名的农业灌溉机械之一。《后汉书》记有毕岚做翻车，三国马钧加以完善。翻车可用手摇、脚踏、牛转、水转或风转驱动。龙骨叶板用做链条，卧于矩形长槽中，车身斜置于河边或池塘边。下链轮和车身一部分没入水中。驱动链轮，叶板就沿槽刮水上升，到长槽上端将水送出。如此连续循环，把水输送到需要之处，可连续取水，功效大大提高，操作与搬运方便，还可及时转移取水点，既可灌溉，又可排涝。我国古代链传动的最早应用就是在翻车上，这是农业灌溉机械的一项重大改进。

图 8-2-10 筒车

任务 3 轮系的应用

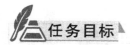

任务目标

1. 了解轮系的分类和应用。
2. 掌握定轴轮系传动比的计算。
3. 了解减速器的应用和分类。

任务分析

在实际应用的机械中，当主动轴与从动轴的距离较远，或要求传动比较大，或需要实现变速和换向时，可应用轮系来满足这种传动要求；减速器多用于连接原动机和工作机，能实现降低转速、增大扭矩，以满足工作机对转速和转矩的要求。

如图 8-3-1 所示，卷扬机为什么能获得很大的拉力？

图 8-3-1 卷扬机

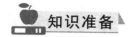

知识准备

一、轮系的分类和应用

1. 轮系的概念

轮系是由一系列相互啮合的齿轮组成的传动系统。

2. 轮系的分类

根据轮系传动时各齿轮轴线在空间的相对位置是否固定，轮系可分为定轴轮系和周转轮系。

（1）定轴轮系

轮系运转时，所有齿轮（包括蜗杆、蜗轮）的几何轴线位置均固定，这种轮系称为定轴轮系，如图 8-3-2 所示。

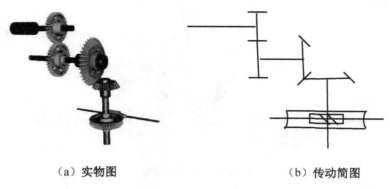

（a）实物图　　　　　　　　　（b）传动简图

图 8-3-2　定轴轮系

（2）周转轮系

轮系运转时，轮系中至少有一个齿轮的几何轴线绕另一齿轮的几何轴线转动，这种轮系称为周转轮系，如图 8-3-3 所示。

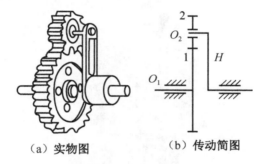

（a）实物图　　　　（b）传动简图

图 8-3-3　周转轮系

3. 轮系的应用特点

（1）轮系可获得很大传动比

轮系的传动比较大，如图 8-3-4 所示的分度头可以进行精确的分度。

图 8-3-4　分度头

（2）轮系可做较远距离的传动

汽车发动机输出的转矩通过轮系传递给后轮，如图 8-3-5 所示。

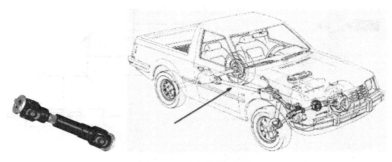

图 8-3-5　汽车传动轴

（3）轮系可实现变速、换向要求

利用变速箱，汽车很容易实现变速和倒退。如图 8-3-6 所示为汽车变速箱。

图 8-3-6　汽车变速箱

（4）轮系可合成或分解运动

采用周转轮系可将两个独立运动合成为一个运动，或将一个独立运动分解成两个独立运动。如图 8-3-7 所示为汽车后轮差速器。

图 8-3-7　差速器

二、定轴轮系传动比的计算

轮系中首末两轮的转速之比，称为该轮系的传动比，用 i 表示，并在其右下角附注两个角标来表示对应的两轮。例如，i_{15} 即表示齿轮 1 与齿轮 5 转速之比。

一般轮系传动比的计算应包括两项内容：一是确定从动轮的转动方向，二是计算传动比的大小。

1. 判断定轴轮系中各轮转向

一对齿轮传动，当首轮（或末轮）的转向已知时，其末轮（或首轮）的转向也就确定了，可以用标注箭头的方式来表示。一对齿轮传动转向的表达见表 8-3-1。

表 8-3-1　一对齿轮传动转向的表达

	运 动 机 构 简 图	转 向 表 达
圆柱齿轮啮合传动	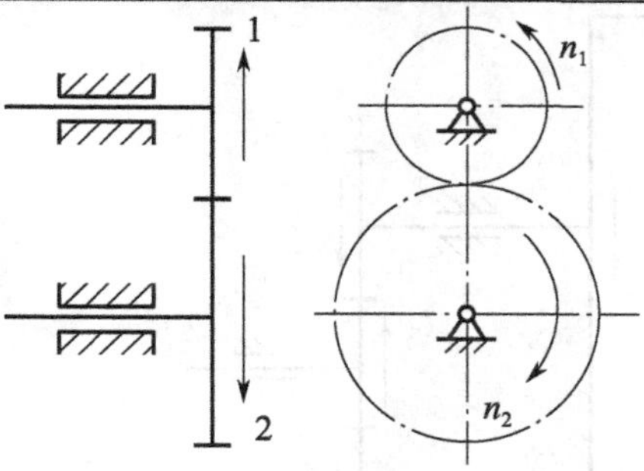 外啮合	转向用箭头标注，主、从动齿轮转向相反时，两箭头指向相反
	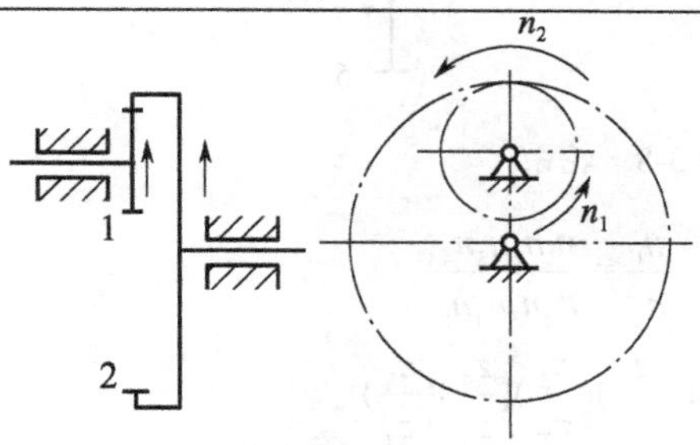 内啮合	主、从动齿轮转向相同时，两箭头方向相同
锥齿轮啮合传动	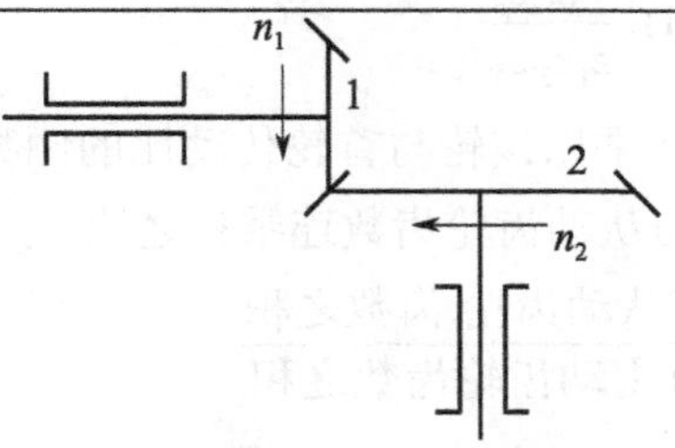	两箭头同时指向可背离啮合点
蜗杆啮合传动	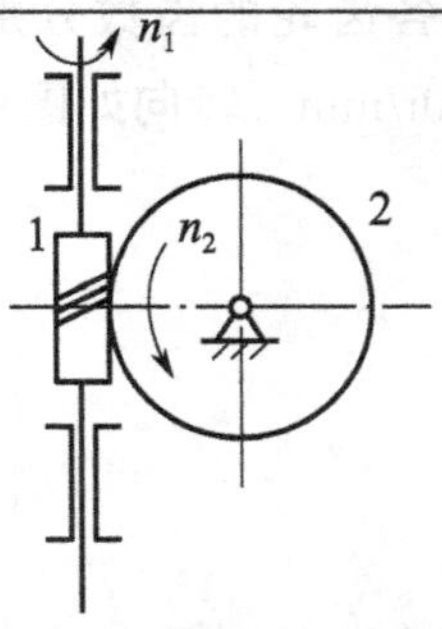	两箭头指向按左（右）手法则确定

轮系中各齿轮轴线互相平行时,其任意级从动齿轮的转向可以通过在图上依次画箭头来确定,也可以通过数外啮合齿轮的对数来确定。若外啮合齿轮对数是偶数,则首轮与末轮的转向相同;若为奇数,则转向相反。

如果轮系中含有圆锥齿轮、蜗轮蜗杆、齿轮齿条,则只能用画箭头的方法来表示。

2. 计算定轴轮系传动比

以图 8-3-8 为例,分析定轴轮系的传动比计算。

该定轴轮系的传动比计算如下:

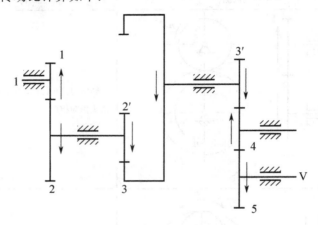

图 8-3-8　轮系

$$i_{15} = \frac{n_1}{n_2} = \frac{n_1 n_2 n_3 n_4}{n_2 n_3 n_4 n_5}$$

$$= (\frac{-z_2}{z_1})(\frac{z_3}{z_{2'}})(\frac{z_4}{z_3})(\frac{z_5}{z_4})$$

$$= (-1)^3 \frac{z_2 z_3 z_5}{z_1 z_{2'} z_{3'}}$$

此式说明任意轮的转速,等于首轮的转速乘以该轮与首轮传动比的倒数,也等于首轮转速乘以首轮和该轮间主动齿轮齿数连乘积与从动齿轮齿数连乘积之比。

$$i_{1k} = \frac{n_1}{n_k} = (-1)^m \frac{所有从动齿轮\ 齿数之积}{所有主动齿轮齿数之积}$$

【例 8-1】在图 8-3-9 所示的轮系中,已知各齿轮的齿数分别为 $z_1=18$,$z_2=20$,$z_{2'}=z_3=25$,$z_{3'}=2$(右旋),$z_4=40$,且已知 $n_1=100$r/min(转向如图中箭头所示),求轮 4 的转速及其转向。

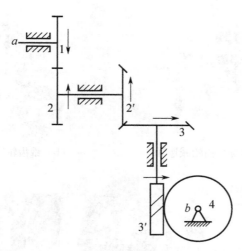

图 8-3-9 定轴轮系

【解】$i_{14} = \dfrac{n_1}{n_4} = \dfrac{z_2 z_3 z_4}{z_1 z_{2'} z_{3'}} = \dfrac{20 \times 25 \times 40}{18 \times 25 \times 2} = \dfrac{200}{9}$

$n_4 = \dfrac{n_1}{i_{14}} = \dfrac{100 \,\text{r/min}}{\dfrac{200}{9}} = 4.5 \,\text{r/min}$

三、减速器的应用和分类

减速器是原动机和工作机之间独立的闭式传动装置，用来降低转速，以适应工作机的需要。它一般由封闭在箱体内的齿轮传动或蜗杆传动组成。减速器使用和维护方便，在现代机械中应用十分广泛。如图 8-3-10 所示为一种运输机。

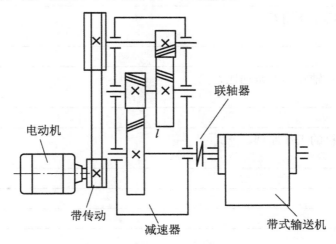

电动机

联轴器

带传动

减速器

带式输送机

图 8-3-10 运输机

减速器的类型很多，常用的有圆柱齿轮减速器、锥齿轮减速器、蜗轮蜗杆减速器、行星齿轮减速器及与电动机装在一起的电动机减速器，如图 8-3-11 所示。

（a）单级圆柱齿轮减速器　　　　　　　（b）锥齿轮减速器

（c）蜗轮蜗杆减速器　　　（d）行星齿轮减速器　　　（e）电动机减速器

图 8-3-11　常用的减速器

 任务实施

做一做 ● ● ● ●

1. 轮系可以分为哪几类？

_____

_____

2. 轮系具有哪些作用？

_____

_____

3. 如何计算定轴轮系的传动比？

_____

_____

4. 分析卷扬机的工作原理。

_____

_____

_____

_____

_____

_____

任务评价

任务评价表见表 8-3-2。

表 8-3-2 轮系的应用任务评价表

任务名称		姓 名		日 期	
序 号	评价内容	自评得分		互评得分	
1	正确完成任务实施部分（共 80 分）				
2	参与本任务的积极性（共 10 分）				
3	完成本任务的能力（自主完成）（共 10 分）				
教师评语（评分）					

任务拓展

拆装二级齿轮减速器，并计算齿轮减速器的传动比。二级齿轮减速器如图 8-3-12 所示。

图 8-3-12 二级齿轮减速器

阅读材料

浑天仪

我国天文学发展的历史是悠久的。到汉代已有盖天、宣夜和浑天等学派。盖天说认为，天如盖，盖心是北极，天盖左旋，日月星辰右转。宣夜说认为天无定形，日月星辰"自然浮生虚空之中"，并不附着于"天体"之上。浑天说认为天如蛋壳，地如蛋黄，天地乘气而立，载水而行。

宣夜说后来不幸失传了，盖天、浑天两说并行，竞相争鸣，比较科学的浑天说渐占上风。同时，观测天象的仪器也不断出现，如武帝时洛下闳制造了浑天仪，宣帝时耿寿昌又造了浑天仪，和帝时崔瑗的老师贾逵更制造了黄道铜仪。

张衡继承和发展了前人的成果。任太史令后，他更加勤奋地"研核阴阳"，终于"妙尽璇玑之正"。元初四年（公元 117 年），一件成就空前的铜铸浑天仪被张衡造了出来。浑天仪主体是几层均可运转的圆圈，最外层周长一丈四尺六寸。各层分别刻着内、外规，南、北极，黄、赤道，二十四节气，二十八列宿，还有"中"、"外"星辰和日、月、五纬等天象。仪上附着两个漏壶，壶底有孔，滴水推动圆圈，圆圈按照刻度慢慢转动。于是乎各种天文现象便赫然展现在人们眼前。这件仪器被安放在灵台大殿的密室之中。夜里，室内人员把某时某刻出现的天象及时报告给灵台上的观天人员，结果是仪上、天上所现完全相符。

铜仪的两侧附有玉虬（龙）各一，吐水入壶，左为夜，右为昼。壶上分别立着金铜仙人和胥徒，"皆以左手抱箭，右手指刻，以别天时早晚"。更有妙者，台阶下还有内装机关与两壶相连的瑞轮、英，靠着滴水的推动，依照月亮出入圆缺的变化，不停地旋转开合，表示着朔、望、弦、晦等日期，犹如活动日历一般，可见这件浑天仪及其附器，与近世的假天仪有许多相似之处。在此仪诞生的前一年，张衡先用竹篾制成一个模型，名曰"小浑"，进行了一系列的试验和校正，然后才铸作大仪。浑天仪是张衡血汗的结晶（图8-3-13）。

图 8-3-13 浑天仪

项目总结

1. 带传动由主动带轮、从动带轮和挠性带组成，分为摩擦型带传动和啮合型带传动两大类。按传动带横截面的形状，可分为平带传动、V带传动、圆带传动和同步带传动。

2. 传动比就是主动轮转速 n_1 与从动轮转速 n_2 的比值，用符号 i 表示。

3. 因为带具有弹性，所以传动平稳、吸振、噪声小。过载时带可在轮面上打滑，避免其他薄弱零部件的损坏，起到安全保护的作用。同时，打滑现象造成带传动不能严格保证精确的传动比。

4. V带以两侧面为工作面，夹角为40°。V带按截面的面积大小，分为Y、Z、A、B、C、D、E七种型号，在生产现场中使用最多的是A、B、C三种型号。基准长度是位于带轮基准直径上的周线长度，用 L_d 表示。

5. 带传动的张紧采用两种方法，即调整中心距和使用张紧轮。平带传动使用张紧轮时，张紧轮应放在松边的外侧，靠近小带轮；V带传动使用张紧轮时，张紧轮应放在松边的内侧，靠近大带轮。

6. 链传动由主动链轮、从动链轮和传动链组成。链传动靠链条与链轮轮齿的啮合来传递平行轴间的运动和动力。

7. 链传动能保持准确的平均传动比，传动效率也较高，能在恶劣的条件下工作，但瞬时传动比不能保持恒定，因此传动时有冲击和振动。

8. 按用途不同，链传动分为传动链、起重链和牵引链。常用的传动链是滚子链和齿形链。

9. 套筒滚子链的接头形式有开口销式、弹簧夹式和过渡链节式。

10. 链条的失效形式主要有链条疲劳破坏、链条铰链磨损、链条铰链胶合、链条冲击破断、链条过载拉断。

11. 链传动的张紧方法有调整中心距、去掉两个链节或采用张紧轮张紧，张紧轮应放在松边外侧靠近小轮的位置上。

12. 轮系是由一系列相互啮合的齿轮组成的传动系统，根据其在传动时各齿轮轴线在空间的相对位置是否固定，轮系可分为定轴轮系和周转轮系。定轴轮系中所有齿轮的回转轴线都有固定的位置。周转轮系中至少有一个齿轮的几何轴线绕另一齿轮的几何轴线转动。

13. 轮系的使用特点：可获得很大的传动比，可做较远距离的传动，可实现变速和换向运动，可合成或分解运动。

14. 定轴轮系的传动比为首末两轮转速之比，等于各从动齿轮齿数连乘积与各主动齿轮齿数连乘积之比，即

$$i_{1k} = \frac{n_1}{n_k} = (-1)^m \times \frac{\text{所有从动齿轮齿数连乘积}}{\text{所有主动齿轮齿数连乘积}}$$

15. 用标注箭头的方法来区分首轮与末轮的转向。要注意箭头方向表示齿轮可见侧的圆周速度方向。当箭头同向时，转向相同；当箭头反向时，转向相反。

16. 用正负号法来区分首轮与末轮的转向。对于直齿圆柱齿轮传动，除了标注箭头法外，还可通过数齿轮外啮合的对数来确定转向，即外啮合对数为奇数时，首末两轮转向相反；反之相同。需要说明的是，此方法不能用于轮系中有圆锥齿轮或蜗轮蜗杆的情况。

17. 惰轮的作用是只改变从动轮的转向，不改变主、从动轮传动比的大小。

18. 减速器是原动机和工作机之间独立的闭式传动装置，用来降低转速，以适应工作机的需要。它一般由封闭在箱体内的齿轮传动或蜗杆传动组成。

19. 减速器的类型很多，常用的有圆柱齿轮减速器、锥齿轮减速器、蜗轮蜗杆减速器、行星齿轮减速器，以及与电动机装在一起的电动机减速器等。圆柱齿轮减速器按其齿轮传动的级数可分为单级、两级和多级，按轴在空间的相对位置可分为卧式和立式，按照功率传递路线可以分为展开式、分流式和同轴式等。

20. 圆柱齿轮减速器的传动零件是圆柱齿轮，用于平行轴间的传动。它具有结构简单、传动效率高、传动功率大、寿命长和维护方便的特点。锥齿轮减速器用于输入轴和输出轴相交的场合。蜗杆减速器用于输入轴与输出轴在空间正交（垂直交错）的场合。它的特点是在外廓尺寸不大的情况下，可获得较大的传动比，工作平稳，噪声较小，但效率低，易发热，只宜传递中等以下的功率。

思考与练习题

一、填空题

1. 摩擦型带传动是依靠_____来传递运动和功率的。

2. 带张紧的目的是_____。

3. 与平带传动相比较，V 带传动的优点是_____。

4. 与带传动相比较，链传动的承载能力_____，传动效率_____，作用在轴上的径向压力_____。

5. 在滚子链的结构中，内链板与套筒之间、外链板与销轴之间采用_____配合，滚子与套筒之间、套筒与销轴之间采用_____配合。

6. 轮系可以实现_____、_____、_____和_____的功用。

二、判断题

1. 带传动都是依靠摩擦力来传递动力的。　　　　　　　　　　　（　　）

2. Z 型 V 带是最大的型号。　　　　　　　　　　　　　　　　（　　）

3. 带传动中，打滑是可以避免的，弹性滑动是不可避免的。　　（　　）

4. 链传动的传动比等于两链轮的齿数的反比。　　　　　　　　（　　）

5. 链传动的传动比是恒定的。　　　　　　　　　　　　　　　（　　）

6. 链传动松动以后，不需要张紧。　　　　　　　　　　　　　（　　）

7. 惰轮不改变传动比，但每增加一个惰轮就改变一次转向。　　（　　）

8. 定轴轮系中所有齿轮的轴都是固定的。　　　　　　　　　　（　　）

9. 轮系的传动比等于首尾两轮的转速之比。　　　　　　　　　（　　）

10. 轮系末端是螺旋传动，如果已知末端转速 $n_k = 40$ r/min，双线螺杆的螺距为 5mm，则螺母每分钟移动的距离 $L = 200$ mm。　　　　　　　　　　　　　　（　　）

三、综合题

1. 当与其他传动一起使用时，带传动一般应放在高速级还是低速级？为什么？

2. 链传动为什么会发生脱链现象？

3. 在下图所示的齿轮丝杠传动系统中，已知 $z_1=30$，$z_2=60$，$z_3=20$，$z_4=80$，$z_6=50$，$z_7=120$，$z_8=30$，蜗杆旋向为左旋、头数 $z_5=3$，丝杠螺距 $P=5$ mm、旋向为左旋，求主动轴转一圈时，螺母移动多少距离？并判断螺母移动方向（用图示法标注）。

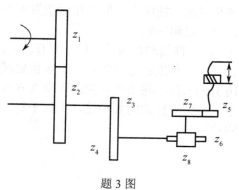

题 3 图